商店叢書 62

餐飲業經營技巧

許俊雄/編著

憲業企管顧問有限公司　　發行

《餐飲業經營技巧》

序　言

　　餐飲業的興衰，是生活水準的最佳表徵。

　　餐飲業種類繁多，規模可大可小，跨入門檻不高，經營者參與意願極高，而一旦經營上手，亦可建構起大企業或連鎖大企業；在臺灣的「個人投資就業項目調查」資料裏，早已將「投資餐飲業」列為首選目標。

　　作者前一本著述《餐飲業工作規範》，上市後，獲企業讚賞，大量團體訂購，此書《餐飲業經營技巧》是專門「針對餐飲業之經營管理而撰寫」的工具書，是作者在餐飲業之授課教材，吸收精華而編輯。特點之一是「針對性強」，本書特點之二是「實用性強」，以作者在餐飲業的工作經驗，並吸收了大量的餐飲界管理案例，內容具體實在，操作性高。

　　希望這本書對讀者在經營餐廳、飯店、酒店、速食店，有所裨益，這是我們最大的欣慰！

2015 年 5 月

《餐飲業經營技巧》

目　錄

1

餐飲店組織機構與工作內容

　　餐飲店的組織機構是確定各成員之間相互關係的結構，其目的是為了增強實現經營目標的能力，更好地組織和控制所屬職工和群體的活動。

一、餐飲業的主要職能

　　餐飲管理的任務，是全面負責餐飲產品的產、供、銷活動，組織客源，擴大銷售，降低成本，提高品質，以滿足客人需要，獲得最大的經濟效益。

- 掌握市場需求，合理制定菜單；
- 廣泛組織客源，擴大產品銷售；
- 加強原料管理，保證生產需要；
- 做好廚房管理，提高餐廳品質；
- 抓好餐廳管理，滿足賓客需要；
- 加強宴會管理，增加經濟收入；
- 加強成本控制，提高經濟效益；

圖 1-1　餐飲組織縱向圖

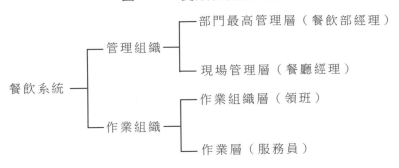

圖 1-2　餐飲組織橫向圖

管理機能——計劃、促銷、核算、成本控制、其他。

作業機能——採購、驗收、儲存、領發、生產、銷售、其他。

二、餐飲部組織機構設置的原則

1. 根據經營需要設置機構，因事設人，力求精簡。
2. 職權相當，職責分明。
3. 有效的指揮幅度，作業層與管理層分離。
4. 講究效率。
5. 發揮人員的才能和員工的主動性。

三、餐飲工作人員的崗位職責

餐飲工作人員都應熟悉個人職責、工作內容、組織關係及工作目的。

1. 經理

(1)組織機構關係

直屬領導——總經理。

管轄——餐廳經理及所有員工。

聯繫——其他部門經理、主管。

(2)主要職責

①管理整個餐飲部的正常運轉，執行計劃、組織、督導及控制等工作，使賓客得到更大的滿足，達到預期的效益。

②負責策劃餐飲特別推廣宣傳活動。

③每天審閱營業報表，進行營業分析，作出經營決策。

④制定各類人員操作流程和服務規範。

⑤建立和健全考勤、獎懲和分配等制度，並切實予以實施。

⑥與行政副總廚、公關營銷部、宴會預定員一起研究制定長期和季節性菜單、酒單。

⑦督促做好食品衛生和環境衛生。

⑧負責對大型團體就餐和重要宴會的巡視、督促。

⑨處理客戶的意見和投訴，緩和不愉快局面。

⑩負責員工的業務知識與技術培訓。

⑪審閱和批示有關報告和各項申請。

⑫協助人員部門做好定崗、定編、定員工作。

⑬參加餐廳例會及業務協調會，建立良好的公共關係。

⑭主持部門例會，協調各部門內部工作。

⑮分析預算成本、實際成本，制定售價，控制成本，達到預期指標。

⑯擬定最新水準的食品配方資料系統。

⑰協調內部衝突，處理好聘用、獎勵、處罰、調動等人事工作，處理員工意見及糾紛，建立良好的下屬關係。

2.經理助理

(1)組織機構關係

直屬領導——經理。

聯繫——餐飲部。

(2)主要職責

①負責起草、整理、列印、存放、分發、呈送有關通知啟事、報告等。

②接聽電話，接待來訪，瞭解對方意圖並轉告經理。

③制定工作備忘錄，提醒經理及時作出安排。

④收集和整理餐飲方面的信息資料。

⑤負責部門薪資、獎金的發放。

⑥負責部門辦公物資用品的領發、保管。

⑦負責部門管理人員的考勤工作。

⑧完成經理交辦的其他各項任務。

3.餐廳經理

(1)組織機構關係

直屬領導——經理。

管轄——指定範圍內的領班和服務人員。

聯繫——廚師長、管事部和餐廳內其他部門。

(2)主要職責

①掌握餐廳內的設施及活動監督及管理餐廳內的日常工作。

②安排員工班次，核准考勤表。

③對員工進行定期的培訓，確保餐廳的策略及標準得以貫徹執行。

④經常檢查餐廳內的清潔衛生、員工個人衛生、服務台衛生，以確保賓客的飲食安全。

⑤與賓客保持良好關係，協助營業推廣、徵詢及反映賓客的意見和要求，以便提高服務品質。

⑥與廚師長聯繫有關餐單準備事宜，保證食品控制在 最好水準。

⑦監督每次盤點及物品的保管。

⑧主持召開餐前會，傳達上級指示，作餐前的最後檢查，並在餐後作出總結。

⑨直接參與現場指揮工作，協助所屬員工服務和提出改善意見。

⑩審理有關行政檔，簽署領貨單及申請計劃。

⑪督促及提醒員工遵守餐廳的規章制度。

⑫推動下屬大力推銷產品。

⑬負責成本控制，嚴格堵塞偷吃、浪費、作弊等漏洞。

⑭填寫工作日記，反映餐廳的營業情況服務情況賓客投訴或建議等。

⑮負責餐廳的服務管理，保證每個服務員按照餐廳規定的服務流程、標準去做，為賓客提供高標準的服務。

⑯經常檢查餐廳常用貨物準備是否充足，確保餐廳正常運轉。

⑰每日瞭解當日供應品種、缺貨品種、推出的特選等，並在餐

前會上通知到所有服務人員。

⑱及時檢查餐廳設備的狀況，做好維護保養工作、餐廳安全和防火工作。

4.餐廳領班

(1)組織機構關係

直屬領導——餐廳經理。

管轄——服務員及見習生。

(2)主要職責

①接受餐廳經理指派的工作，全權負責本區域的服務工作。

②協助餐廳經理擬訂本餐廳的服務標準、工作流程。

③負責對本班組員工的考勤。

④根據客情安排好員工的工作班次，並視工作情況及時進行人員調整。

⑤督促每一個服務員以身作則大力向賓客推銷產品。

⑥指導和監督服務員按要求與規範工作。

⑦接受賓客訂單、結帳。

⑧帶領服務員做好班前準備工作與班後收尾工作。

⑨處理賓客投訴及突發事件。

⑩經常檢查餐廳設施是否完好，及時向有關部門彙報傢俱及營業設備的損壞情況，向餐廳經理報告維修事實。

⑪保證出口準時、無誤。

⑫營業結束後，帶領服務員搞好餐廳衛生，關好電燈、電力設備開關，鎖好門窗、貨櫃。

⑬配合餐廳經理對下屬員工進行業務培訓，不斷提高 員工的

專業知識和服務技能。

⑭與廚房員工及管事部員工保持良好的關係。

⑮當直屬餐廳經理不在時，代行其職。

⑯核查帳單，保證在交賓客簽字、付帳前完全正確。

⑰負責重要賓客的引座及送客致謝。

⑱完成餐廳經理臨時交辦事項。

5. 餐廳迎賓員

(1) 組織機構關係

直屬領導——餐廳經理。

聯繫——區域領班及服務員。

(2) 主要職責

①在本餐廳進口處，禮貌地迎賓客，引領賓客到適當座位，協助拉椅，以便賓客入座。

②通知區域領班或服務員，及時送上菜單及其他服務。

③清楚認識餐廳內所有座位的位置及容量，確保相應的座位上有相適當的人數。

④將賓客平均分配到不同的區域，平衡工作量。

⑤在營業高峰期，若餐廳座位全滿，應建議賓客等候或將其名字登記在記錄本內，以誠懇助人的態度向賓客解釋，有位置立即予以安排。

⑥當賓客表示不願意等候時，應推薦其到酒店內其他餐廳。

⑦記錄所有意見及投訴，盡可能及時彙報給直屬餐廳經理，以便處理。

⑧接受賓客的預訂。

⑨婉言謝絕賓客的預訂。

⑩幫助賓客放衣帽雨傘等物品。

6. 餐廳服務員

(1) 組織機構關係

直屬領導——餐廳經理、領班。

管轄——見習生。

聯繫——廚房員工、管事部員工。

(2) 主要職責

①負責擦淨餐具、服務用具,搞好餐廳衛生工作。

②按餐廳指定的規格流程擺台,服務前做好一切準備工作。保證所有餐具清潔無斑跡,裝滿所有調味盅。

③負責補充工作台,撤走餐廳及將工作台上餐具送至洗碗間。

④熟悉各種菜餚、酒水,做好推銷工作。

⑤按餐廳規定的服務流程和規格,為賓客提供盡善盡美的服務。

⑥負責賓客走後翻台或為下一餐擺台。

⑦接受客人訂單,做好收款結帳工作。

⑧與見習生一起,做好收尾結束工作。

⑨帶領見習生到倉庫領貨,負責餐廳用具的點數、送 洗、記錄工作。

⑩保證賓客準時無誤地得到出品。

⑪隨時留意賓客的動靜,以便賓客呼喚時能迅速作出反應。

⑫積極參加培訓,不斷提高服務技能、服務品質。

⑬牢記使賓客滿意並不難,但需要多一些微笑、多一些問候、

多一些服務。

7. 餐廳傳菜員

(1)組織機構關係

直屬領導——廚房主管或餐廳主管。

聯繫——廚房員工、餐廳服務員。

(2)主要職責

①負責將領班訂單上所有菜餚按上菜次序準確無誤地送到點菜賓客的值台服務員處。

②開餐前負責準備好調料、配料及走菜用具，並主動配合廚師做好出菜前的準備工作。

③協調餐廳服務員將工作台上的髒餐具、空菜盤撤回洗碗間並分類擺放。

④負責小毛巾的洗滌、消毒工作或去洗衣房領取洗好的小毛巾。

⑤負責傳菜和規定地段的清潔衛生。

⑥保管出菜單，以備核查。

8. 宴會部經理

(1)組織機構關係

直屬領導——餐飲部經理。

管轄——宴會廳經理、銷售預訂經理。

聯繫——宴會廚房、管事部、酒吧。

(2)主要職責

①制定宴會部的市場推銷計劃、經營預算和目標，建立並完善宴會部的工作流程和標準，制定宴會各項規章制度並指揮實施。

②參加餐廳管理人員會議和餐飲部例會、宴會部例會,完成上傳下達工作。

③負責下屬的任命,安排工作並督導日常工作,控制宴會部市場銷售、服務品質、成本,保證宴會部各環節正常運轉。

④建立完善宴會日記、客戶合約和宴會預訂單的存檔。

⑤與餐飲部經理和行政總廚溝通協調,共同議定宴會 的菜單、價格。

⑥與其他部門溝通、協調、密切配合。

⑦定期對下屬進行績效評估,按獎懲制度實施懲懲;組織、督導、實施宴會部的培訓工作,提高員工素質。

⑧完成餐飲部經理分派的其他工作。

9. 宴會銷售經理

(1) 組織機構關係

直屬領導——宴會部經理。

聯繫——宴會廚房、管事部、酒吧銷售部等。

(2) 主要職責

①制定一週的出訪計劃並提交宴會部經理,週末與宴會部共同回顧一週的出訪情況,並作出總結。

②填寫卡片,做銷售報告,詳細記錄每次出訪情況,按字母順序排列存放,以便查訪。

③與銷售部密切溝通,共同處理經銷售部接洽的活動。

④出訪宴會客戶。

⑤解決來訪賓客的需求,向賓客提供必要信息、建議,供賓客參考。

⑥起草確認信，並保存賓客寄回經簽字確認後的副本。

⑦如既定活動發生變動，要填發更改單。

⑧實地檢查接待工作準備情況，保證所有安排兌現；與宴會廳經理協調，確保接待服務的落實。

⑨在開餐前恭候賓客的到來。

⑩與有關部門協調，解決賓客的特別需求。

⑪活動完畢後，向客戶發感謝信。

⑫收集宴會活動後賓客反映的情況，回饋給宴會部經理，以便處理或修正。

⑬處理宴會部經理指派的與宴會有關的特殊事務，參加餐廳的活動，做好公關。

10. 管理事部經理

(1) 組織機構關係

直屬領導——經理。

管轄——管事部領班、洗碗工、擦銀工、雜役、保管員。

(2) 主要職責

①直接向餐飲部經理彙報工作，全權負責整個管事部的運轉，包括制定與實施工作計劃，培訓管事部的員工，合理控制餐具破損數目和遺失數目。

②確保管轄範圍內的清潔衛生，餐具用品衛生要達到 政府衛生、消毒標準，負責宴會廳二級庫各種餐具物品的保管。

③負責每日、每季及每年的盤點工作，統計和記錄各餐廳及廚房的餐具，控制各處的留存量。

④督導屬下每日按正確的工作流程完成本職工作。

⑤激發員工積極性，合理安排工作。

11. 管事部領班

(1) 組織機構關係

直屬領導——管事部經理。

管轄——擦銀工、洗碗工、雜役。

(2) 主要職責

①負責督促員工，維持日常順利運轉。

②安排本區域員工任務，根據工作需要合理安排人手。

③保持所轄區域內的清潔衛生。

④負責向廚房、餐廳和酒吧提供所需用品和設備，籌劃和配備宴會等活動的餐具、物品。

⑤根據使用量配發各種洗滌劑和其他化學用品。

⑥協調管事部經理進行各種設備、餐具的盤點工作。

⑦監督本區域員工按規定的流程和要求工作，保證清潔衛生的品質，做好員工的考勤工作。

⑧與廚房和餐廳保持良好的協作關係，加強溝通。

⑨協助管事部經理落實有關培訓課程。

⑩督促屬下員工遵守餐廳的所有規章制度、條例。

⑪控制洗滌過程中的餐具破損。

12. 擦銀工

(1) 組織機構關係

直屬領導——管事部領班。

聯繫——宴會廳、倉庫保管員。

(2) 主要職責

①保證餐飲部使用的金、銀餐具和銅器清潔光亮。

②負責每天擦洗扒房的各種噴烹製車、切割車等。

③保證銀器所用的各種化學清潔劑正確無誤。

④掌握正確的擦銀器的流程，精心維護銀器，盡可能延長其使用壽命。

⑤控制銀餐具的損耗率。

13. 洗碗工

(1) 組織機構關係

直屬領導——領班。

聯繫——廚房、餐廳。

(2) 主要職責

①保持工作場所清潔、衛生。

②上、下班需檢查洗碗機是否正常，清潔、擦乾機器設備。

③按規定的操作流程及時清潔餐具，避免髒餐具積壓，保住保證洗滌品質。

④正確使用和控制各種清潔劑和化學用品。

⑤完成上級所佈置的其他各項工作。

14. 雜役

(1) 組織機構關係

直屬領導——領班。

聯繫——有關廚房、洗碗間。

(2) 主要職責

①定時清除或更換各處垃圾桶，收集和清理所有的紙盒、空瓶

等可回收物品。

②按規定的時間清掃指定的區域，保持衛生。

③幫助收集和儲存各種經營設備，將其搬放到指定的庫房。

④為大型宴會活動準備場地，搬運物品。

⑤完成上級所佈置的其他臨時性工作。

心得欄

2

人員配置的考慮因素

一、人員配置的方法

餐飲業部門的人員配置，首先測定人員配置的有關基數，如經營規模與烹調規模之間的比例、服務員與餐位數之間的比例、人均工作效率、工種之間的比例；再根據這些基數之間的特定關係，測出基本人數；再根據實際的排班情況、工種狀況（如大小工種、替班等）進行修正；最後確定部門用人數量。

在進行人員配置的測算時，要將烹調部門與營業部門的人員配置分開處理，在烹調部門中，廚房部人員配置與點心部人員配置，也是分別處理的。

二、人員配置的考慮因素

最為重要的是有關基數的測定，基數測不準，便很難得出合乎實際的結論。

1. 服務方式

經營方式實際決定了服務方式，假設把餐廳的服務程度分成 0～100 多種檔次。服務程度為 0 的餐廳是不需要服務的自動售貨

機；簡單的服務包括自助餐、速食*，用人較少；複雜服務如豪華級宴會服務，注意細節，分工精細，用人較多；介乎於簡單與複雜之間的是中等程度的服務，如中檔餐廳的服務。

服務程度低，服務技能要求簡單，人員配置相對少些；隨著服務程度逐漸增大，服務技能要求也相應要求高，人員配置相對也增多。

2. 經營方式

餐廳以零點為主或是以宴會為主、還是兩者兼而有之，因為同樣的餐位數，零點餐廳的週轉率比宴會餐廳的週轉率要高，因而零點餐廳所要求的食品供應規模比宴會餐廳的要大。倘若專業做火鍋生意，對人員配置的側重點也不同。

3. 經營規模

經營規模即餐廳的餐位數總量是多少，其週轉率大約在什麼樣的水平上。由於烹調、銷售、服務三者要同步協調，所以經營規模的大小規定著烹調規模的大小，實際上也限制了烹調人員的多少。

4. 經營檔次

中高檔經營與大眾化經營，對烹調出品的要求是不同的。相對而言，前者可能分工較細，強調環節的緊湊和保證出品品質，要求人員多些，而後者在各方面的要求沒有那麼高，人員就相對少些。

5. 經營時間

經營時間的長短對人員配置的影響是十分明顯的，由早上 6：30 至次日淩晨 1 點的連續經營比之正常的早、午、晚三市經營所要求的人員配置顯然要多。同時，經營時間與餐位週轉率有關，週轉率越高，要求的烹調出品量就越多，人員配置的要求也越高；反

之，週轉率越低，人員配置的要求就越低。

6. 品種構成

一個餐廳銷售品種的構成，或海鮮、野味、綜合風味，有直接的影響。菜單品種數量較少的餐廳，只需要較少的烹調和服務人員，而且原料的採購和保管也不需太多的人員。菜單品種增多，品種構成也就隨著複雜，對烹調製作的要求也隨之增多，因而對人員配置也相應地增多。

同時，品種製作過程的複雜程度，也是一個考慮因素。假設把品種製作過程的複雜程度分為 0~100 的範圍。複雜程度為 0 的品種製作是現成的熟食品，只需在銷售前進行加熱或拼盤處理，在這種條件下，烹調人員的配置數量最低。相反，複雜程度為 100 的品種製作，從宰殺、起肉、刀工處理、醃制、上漿或釀制、再到加熱裝盤等，在這種條件下，烹調人員的配置數量不僅相應地增多，而且對技術的要求也隨之提高。

7. 設備條件

烹調部門的設備條件對人員配置也有影響。如果是現代化的廚具，加工設備好，那麼可考慮工種人員相應地減少；如果設備較差，就要考慮有足夠的人員配置。例如，用現代化的切肉機切肉片只要 5 分鐘，而同樣分量的工作，由人工完成需要 15 分鐘。

8. 環境佈局

點心部的熟籠和煎炸崗在 6 樓，烘烤則在 4 樓，結果給點心供應帶來諸多麻煩。所以合理的餐飲佈局是合理安排人員的客觀條件之一。

9. 同業參數

同業參數即同業在上述幾方面的參考資料。

按照早、午、晚三市正常班次計，餐飲店所有員工(包括管理者)與餐位數的比例一般是 35：100。根據餐飲業傳統資料的測算，餐飲店員工與餐位數之間的比例約為 1：18。但隨著餐飲業近 10 年的發展，這個比例已改變為 1：2.3~3.5。

以一個廚房和一個零點餐廳的員工總數計，廚房部人數與餐廳人數之間的比例約為 4：6，有時可達 3：7。

要注意的是，同業的參數畢竟只是一種參考，最終還是取決於本企業的實際情況。

10. 成本限制

這是指餐廳當局決策層對各部門員工人數在成本上的總體限制，即對人工成本的總體把握。

在充分考慮和詳細分析這 10 個方面的問題後，就可以測定餐飲部門人員配置的基數了。

3

烹調部門人員配置方案

烹調部門人員配置，區分為廚房部、點心部的人員配置。

1. 廚房部人員配置

進行廚房部人員配置時，根據上述問題的綜合考慮，主要是測定兩個基數。

(1) 第一個基數：後鍋數與餐位數的比例

餐飲運作是烹調、銷售、服務三位一體，即烹調部門與餐廳部門必須在供應能力與接待能力之間達到協調，這種協調也可以理解為烹調規模與經營規模之間的平衡。衡量廚房部的烹調規模是設立後鍋的數量，有多少個後鍋即確定了廚房部的供應能力；衡量餐廳的接待能力是餐位數，即餐位數的多少便標誌著餐廳的經營規模。因此，後鍋數與餐位數便是要測定的第一個基數。

關於第一個基數，以餐飲業的資料（包括過去和現在）測算，一般在 1：60～100，即是一個後鍋出品負責 60～100 個餐位的供應。

其中，1：60～80 被認為是零點餐廳的最佳選擇。因為零點餐廳週圍轉率較高，品種結構多樣，且突發的、彈性的需求經常發生，把每個後鍋的供應量限制在 60～80 是明智的，特別是對於中高檔以上經營的餐廳來說，這樣的比例能保證合理的出品品質。

1：100 的比例一般認為是宴會廚房的最佳選擇，因為宴會餐

廳雖然檔次較高，品種品質要求高，但宴會餐廳有個特點，就是週轉率在一次或一次以下，所以把比例定在這個範圍，可減少人員和設備的浪費。

然而，這些比例並不是絕對的。如果在設備、佈局、人員素質等方面都佔有優勢的話，也可以把 1：100 比例作為零點餐廳廚房的測定基數；如果是零點、宴會兼備之，那麼就要充分考慮其經營的性質和時間等方面的影響，再來確定這個基數。

⑵第二個基數：後鍋與其他工種的比例

既然後鍋是作為廚房規模的一個標誌，那麼後鍋與其他工種必定有內在的聯繫。

關於第二個基數，傳統的觀點如表 3-1 所示：

表 3-1　傳統的廚房人員配置比例

後鍋	打荷	砧板	上什	水台	菜部	推銷	雜工
1	1	1	0.5	0.5	0.5	1	0.5

即設立一個後鍋，要配置 5 個相關的人員。在傳統的分工中，雜工和推銷是兩回事。按照這個比例，廚房部的人員略為鬆動，在生意淡季，顯得人工成本會偏高。

餐飲管理者有時會認為，1 個後鍋配置 3 個相關人員便足夠了。如表 3-2 所示：

表 3-2　流行的廚房人員配置比例

後鍋	打荷	砧板	上什	水台
1	1	0.7	0.7	0.7

因為這種比例是最小人員配置方案。菜部工作由餐廳部門中的洗碗工負責，雜工由打荷兼作。

相對來說，這個工種比例比傳統的要小，但並非說明這些比例是絕對的。假定廚房設備較差，供應品種較多，預製加工工作較多，採取較大的比例是合適的。測定這個基數時，可把第一個基數加以一起考慮。例如，後鍋數與餐位的比例取 1：60，廚房壓力沒那麼大，在這種情況下，可以考慮採用 1：3 的工種比例。

確定了這兩個基數，便可測定廚房部人員的基本配置了。現在流行的做法是把廚房所有工種分成大、中、小、3 個檔次。所以在確定替班人員時，一般都是同線替班、對等替班。同線替班即是按後鍋線、砧板線分開替班，那當然在規模小的廚房部裏也可以交叉替班；對等替班即是大工替大工、中工替中工。

2.點心部人員配置

點心部的人員配置方法與廚房部的做法不同，點心部是採用人平勞效法去進行人員配置。

這種方法是：測定兩個基數，一是每個餐位的點心營業額，另一個是測定每個點心部人員的人平均工作效率（即人平勞效）以此為準，算出點心部總人數，然後分配各工種的具體人數。

測定這兩個基數時要注意，每位點心營業額是指每天計，包括早茶市的點心銷售額（除去茶價等副營收入）、餅屋外賣和訂做、飯市的點心（如主食等）銷售、宴會或酒會的點心營業額。換句話說，凡是點心部出品銷售所實現的收入，再除以餐位數，得出的商數就是每位平均點心營業額。由於這個點心營業額已含週轉率在內，所以計算餐位數時不用計入週轉率。

　　點心部的人平勞效是個綜合指標，它可依照既定的指標測出，也可根據同行同檔次同規模的有關資料測出。一般地說，人平勞效是以每月或每年為單位，計算時應換算成以每天為時間單位。

　　例如，DH 酒店餐飲部共有餐位 800 個，預測每天每個餐位的平均點心營業額是 21 元（包含了餐位週轉率），測定每個點心部人員的每天平均勞動效率是 800 元，那麼每天的點心營業額應是：

800×21=16800（約等於 17000）

再用人平勞效除以這個總數：

17000÷800=21 人

　　即點心部應配置 21 人。因為計出來的是點心部人數總額，故還要進一步按照崗位和班次去分配人員，這就需要經驗的判斷了。

　　這兩種方法為烹調設計中的人員配置提供了兩種選擇模式。這兩種方法至少能夠在開張前的烹調設計中提供一種非常實用的方法；當要分析營運中的人工成本時，它又能提供一些非常有效的分析資料；當要測定分部核算的某些資料時，它是個很好的參考座標。

心得欄

營業部門人員配置方案

餐廳的營業部門人力資源配置，主要是討論餐廳各崗位的人員配置。中式餐飲機構多採用全職制員工，在旺季時也只是增加部份季節性臨時工，很少用到鐘點工。

1. 餐位數與服務員的比例

餐廳服務員的配置，主要是測定餐位數與服務員之間的比例基數。這個基數按傳統的比例是 1：20，前者是指服務員，後者是指餐位數。現在流行的配置基數如表 4-1 所示。

表 4-1　餐位數與服務員之間的比例參數

餐桌	配置基數	備註
方台(4~6 人)	1：4~6 張	
大台(8~10 人)	1：2 張	
廳房	2：3	換 80%週轉率計算

2. 影響人員配置比例的因素

(1) 服務要求

一般來說，服務要求越高，服務員與餐位數的比例就越低，例如在高檔次的餐廳裏，要求一個服務員只負責 4 張小桌的服務；服務要求越低，需要的人也就越少。

(2)管理要求

一是每天工作按 8 小時計，連同吃飯（兩餐計算 1 小時），實際上是 9 小時。二是每月休息按 4 天計，一個星期工作 6 天。三是所有工作時間都應考慮餐廳的開檔和收檔工作，開檔工作應比開市時間提前半小時，收檔工作應比經營結束時間推遲一個小時。

(3)經營時間和高峰期

如果經營時間至少是茶市、午飯和晚飯 3 個經營市別，有些酒店的餐飲部還經營下午茶或夜宵。經營時間越長，需要配置的人數總量就越多。每個餐廳都會有個高峰期，在人力資源配置上，要保證高峰期間的用人要求，又要兼顧其他經營時間的用人要求。

3.人員配置技巧

(1)每天營業量分析

餐飲品種的銷售在同一星期中的不同需求量往往不同。這種需求量的變化，大體會有一個模式，所以有必要對每天的營業量做具體的分析，其分析內容是計算出各個市別的營業收入和餐位週轉率，確定該餐廳營業的高峰期。

如果是新開張的餐廳，就需要以同區域、同質或同類的餐廳作為預測數。其實例分析如表 4-2 所示。

表 4-2　海鮮餐廳餐位週轉率預測(%)

市別	一樓大廳(330 位)			二樓廳房(18 個)		
	早	中	晚	早	中	晚
週一	150	80	70		60	90
週二	160	60	75		65	95
週三	140	65	80		70	98
週四	170	70	85		75	100
週五	150	75	90		75	90
週六	180	100	100	100	80	80
週日	200	90	90	100	85	70
中位數	170	80	80		70	90

　　之所以要取中位數而不求平均數,是因為中位數最能反映餐位週轉率的趨勢,而不受最高兩極端的影響。例如,一樓大廳早茶市的預測週轉率為 150%、160%、140%、170%、150%、180%、200%,如果求平均數是 164%,而中位數則是 170%。這個中位數比較能代表貼近實際的就餐人數。因為某天最低數也許是由於暴風雨造成的,而某天的最高數也許是因為該天是某個節日或有多台宴會活動。極端性的資料對平均數的影響較大,但不能正常反映營業規律。

⑵分區定人

　　餐廳一般分開若干區域來管理,有了區域之後,就可以上述的比例分區域確定服務員的人數。如果餐廳分樓層,其道理也一樣。

(3)分班編人

根據經營時間，餐廳一般分班編人。即把服務員分成若干班次，然後確定每個班次的上班時間，再根據餐廳的經營高峰期來確定每個班次的安排。

在考慮了班次和休息的安排後，最後確定的人數就是實際需要人數。

表 4-3　餐廳班次安排簡表

	早茶		午飯		晚飯
時間	6～9 點	9～12 點	12～15 點	15～17 點	17～22 點
A 班(6 人)	──────────────→				
B 班(6 人)				──────────→	
C 班(6 人)	──→				──────────→
D 班(6 人)			──────────────→		
	12 人	6 人	12 人	12 人	18 人

心得欄 ----------------------------------

5

餐館員工要培訓

餐館員工培訓就是餐館按照一定的目的，有計劃、有步驟地向員工灌輸正確的觀念、傳授知識和技能的學習型活動。

中小餐館往往由於沒有太多的培訓預算，所以對員工培訓較為忽視，但我們認為培訓卻總能夠為餐館提升服務與管理水準助力。因此，中小餐館在培訓方面還是需要有一套屬於自己的標準。

在一般人看來，餐館工作屬於體力工作，從表面上看來，無論餐館規模多大，只要有一個老闆（或管事的）來支配店裏的所有工作人員就可以了，似乎培訓與否都是無關緊要的，甚至是畫蛇添足，浪費人力、物力的。然而事實並非如此，隨著生活水準的提高，消費者越來越注重消費品質，花錢去餐館吃飯，本身就圖個高興。但如果餐館員工服務品質不達標，就可能毀掉這一切。

缺乏培訓的餐館員工，表現出對自己餐館的經營和服務產品、工作的不熟悉，服務技能差、工作效率低、對賓客態度不好、團隊合作意識差、違反或減少工作程序及自律性差；對老闆也是一種負擔的增加，因為不實行培訓會直接導致員工流動性大、後繼無人、經理或主管受累、賓客對菜品或服務不滿意、員工的情緒不穩定等。凡此種種，都嚴重影響了餐館的聲譽和形象，從而減少了客源。

這些情況，都可以透過培訓來避免，所以餐館需要循序漸進

地、系統地進行培訓！

餐館員工培訓是指餐館透過對自己員工進行有計劃、有針對性的教育和訓練，使其能改進目前知識水準和能力及服務品質的一項連續而有效的工作。

如今在餐館業的競爭日趨「火爆」的情況下，綜合素質和高服務技能的員工對自己的發展尤其重要。只有提供了優質的讓大家認可或滿意的服務和產品，才能招徠更多的客人，培訓正是讓員工很快瞭解和知道如何幫助餐館盈利的方法。

餐館應該把自己的餐飲辦出色，只有這樣才能在買方市場中有競爭力，才能得到生存和發展，而這個特色包括飲食產品的特色、服務的特色、產品和服務組合的特色以及就餐環境和氣氛的特色。這一系列的特色，便決定了我們要培訓的內容。透過有針對性的培訓，從而不斷滿足消費者求新求異的心理。

餐館培訓需要從準備階段開始。做好充分的準備，是高品質完成培訓任務、達到培訓目標的基礎。中小餐館可以根據如下標準來進行培訓前的準備工作。

1. 瞭解員工的培訓需求

餐館老闆或經理需要根據自己餐館的具體情況，瞭解員工的基本情況，如存在那些方面的不足，有什麼樣的培訓需求，自己員工的文化程度如何，知識水準達到什麼樣的程度，有沒有相關的工作經驗等。

2. 制定培訓計劃與方案

瞭解了員工的具體情況之後，需要制定培訓的授課計劃與方案。授課計劃應對所要培訓的內容、所需時間和先後順序作出說

明,並明確規定員工應掌握的基本內容;方案是用來指導培訓者授課的,主要說明授課的方法和內容,培訓者可利用培訓方案來確保完成講課的重點,並盡可能使課堂生動活潑。還需要說明的是,一般小型餐館培訓者可以是自己的經理甚至是老闆,稍微大一點的餐館可以考慮根據實際需要從外面聘請較為專業的培訓人員來對自己的員工進行培訓。

3. 準備培訓物品與場地

餐館培訓需要各種視聽工具、筆、紙等基礎物品,甚至有的時候對員工進行禮儀或形體培訓時還需要準備相應的物品(如化妝用具、全身鏡等)。另外,要挑選適合相應受訓員工人數的培訓場地。一般情況下,中小餐館最好選擇在客人結束用餐後,在餐館包間或者大廳內進行現場培訓,這樣可以很好地幫助員工在工作環境中解決實際問題。

4. 編印培訓講義或教程

餐館老闆安排的培訓者需要根據培訓計劃和方案來編制培訓講義或教程,以便員工在學習的時候能夠很好地參照。一般情況下,中小餐館培訓講義最好是能夠體現出本餐館的實際情況,能夠將重點放在解決實際問題方面。

儘管要培訓的內容千差萬別,但一般來說,分為以下三個方面:知識培訓、技能培訓和素質培訓。

1. 知識培訓

一家餐館要培養一名好的經理,除了他本身具有的知識和經驗外,如果少了對他進行不斷的、系統的知識更新培訓,是很難實現的。餐館老闆要使自己的員工尤其是那些沒有接觸過這個行業的員

工熟練地掌握一些專業術語，缺乏系統的知識培訓也是無法實現的。

知識培訓具有它本身的特點，如對日常行為規範、酒水知識、菜牌、各崗位職責、酒水和菜品的價格及品種等的培訓，都屬於知識培訓。這些內容的培訓進行起來形式簡單，也便於理解，但最大的弊端就是容易忘記，因此只停留在知識培訓這一層次上，效果很難提升。

2.技能培訓

技能培訓是餐館培訓中的第二個層次。因為它最行之有效，也是目前各個企業及餐館內部管理最為重視的一個培訓項目。技能培訓的目的就是提高員工實際操作的能力，技能一旦學會，很難忘記。如廚師切菜、配菜的速度，擺台、託盤、餐巾折花、走姿、站姿及服務流程等。餐館招進來的新員工都不可避免地需要進行技能培訓，主要是因為：一是工作的需要；二是抽象的知識培訓不可能馬上適應具體的操作。

只有透過對員工進行技能培訓，員工才能在已獲知識的輔助下順利完成實際操作。從這個意義上說，知識培訓與技能培訓是相輔相成的，知識培訓是形成技能的先決條件，技能又是知識的表現形式。

3.素質培訓

素質培訓不僅僅是餐館培訓中的最高層次，也是所有企事業單位培訓中的最高層次。這裏所說的「素質」，是指個體能否正確地思維。所謂高素質的員工，是指具有正確的價值觀，有積極的工作、生活態度，有良好的思維習慣，有較高的人生目標的員工，素質高

的員工可能會暫時缺乏知識與技能，但是他們會為實現目標而進行有效地、主動地學習，從而在使組織目標完成的同時使自己也得到更好的發展。但是素質低的員工，由於缺乏這種長遠的思維意識，即使已經掌握了相關的知識與技能，也極有可能將有利條件變成威脅。

並不是一旦員工獲得了知識、熟練了技能就不用再培訓。此時，需要對他們進行更高一層次的培訓，以改變他們的態度，提高他們的素質，從而使他們為客人提供更優質的服務。客人滿意了，消費自然提高了，店裏的利潤也就增加了，員工的薪資和福利也相應增加了，達到客人、員工、餐館三者共贏的局面，這是每個餐館投資者追求的目標。

心得欄

6

餐館類型要敲定

　　各行有各行的門道，餐館業也不例外。當投資者決定開餐館後，閃現在腦海裏的第一個念頭一定是「開一家什麼樣的餐館」。其目的當然是賺錢，但要想使「開餐館」與「賺錢」畫上等號，當中還有很多事情要做。要做的第一件事就是，確定自己要開一家什麼類型的餐館，並且如何為自己的餐館進行合理定位。

一、決定餐館類型的因素

　　投資一家餐館，需要考慮的地方實在太多了。在您敲定您的餐館類型之前，您最需要考慮的是影響餐館類型的四個因素。

1. 經濟條件

　　無論開一家什麼樣的餐館都需要有當地發展來作為支撐。如果這個地方發展不起來，客戶手中沒有錢來進行消費的話，開一家高檔餐館註定會倒閉。因此，開餐館之前，必須要對您擬開餐館的地段的經濟狀況進行仔細的評估，看看到底這個地方的民眾消費能力如何，再來決定開什麼樣的餐館。

2. 社會環境

　　決定開什麼樣的餐館前，還需要對擬開店地方的社會環境進行

一定程度的瞭解。社會環境包括的內容較多，如政策環境(治安環境、稅收政策、政府辦事效率等)、基礎設施(道路交通、停車位置、水電氣供應、通信網路等)、配套設施以及人文環境(居民素質、社會文化等)等諸多方面。一個地段，如果治安環境不好，居民時常發生爭吵的話，是不太適宜開餐館的。

3. 客源市場

不同職業、不同年齡、不同性別、不同地區和民族的消費者對於餐館類型的選擇會有所不同。學生、民工、普通工薪階層一般情況下會選擇檔次較低的餐館進行消費，而高級白領則通常會選擇檔次稍高的餐館進行消費；老年消費者喜愛清淡型餐館，年輕消費者偏好味重型餐館；女性消費者和男性消費者往往在餐館的格調、口味輕重、菜品類型等方面都有一定的差別；不同地域、不同民族的消費者對於餐館的菜品要求也千差萬別。這些都從不同程度上為不同類型餐館的出現提供了條件。

4. 消費行為

消費者的消費行為是與客源市場相關的一個影響餐館類型的因素，它是一個綜合性的概念，包括消費水準、消費結構、消費方式和消費習慣等。消費水準直接表現為顧客選擇餐館的檔次；消費結構直接反映餐飲消費者對各種餐飲消費支出的比例；不同的消費方式(個人、家庭、商務、團體等)在選擇餐館類型與品種方面各有不同；顧客對就餐環境、氣氛、品牌、風味、經濟等方面形成的習慣等也都會影響其對餐館類型的選擇。

二、常見的餐館類型

從我們生活中來看，餐館從大類上可以分為小吃和正餐。如果要是細分的話，那門道就更多了，由於餐館類型舉不勝舉，所以在這裏只為大家簡單介紹幾種常見的餐館類型劃分方法，並簡要介紹一些餐館類型，便於大家結合自己的實際情況進行參考。常見的餐館類型劃分方法有如下幾種。

1. 按照提供的餐品來劃分

可以分為中餐廳、西餐廳、咖啡廳、日韓料理店、特色餐廳、速食店等餐館類型。

中餐文化源遠流長，菜系眾多，常有「四大菜系」、「八大菜系」之說，如川菜、粵菜、浙菜、湘菜、上海菜等，老少皆宜。不過一般的中餐廳都會以某種菜系為主營業務，例如粵菜館、川菜館、湘菜館等。

2. 按照服務的方式來劃分

主要有餐桌服務式餐館、外帶服務式餐館、自助式餐廳等類型。

餐桌服務式餐館一般擁有一定面積的店面，有服務員引領客人入座，並拿出菜單讓客人點菜，然後送餐上桌並提供相應的席間服務。這類餐館在餐館業中佔的比重最大，常常稱為酒樓、酒家、飯莊、飯館等。在發達城市，配有高素質的服務人員、高技術的廚師隊伍，甚至配有專業營養師的豪華型餐桌服務式餐廳非常受追捧。

外帶服務式餐館主要為客人提供外帶服務。廚師將菜製作以後，不是裝盤上給客人，而是將菜品用餐盒包裝好，由客人帶至餐

館以外的地方去吃。這種餐館一般是由於投資者沒有太多的資金，或者在選址上選擇了不太「寬鬆」的店面。但這種餐館有一個最大的優勢就是能夠為客人提供送餐服務，特別適合開在寫字樓、學校聚集的地方。一個電話、一份套餐，方便了顧客，也推廣了自己。

自助餐廳是以自助方式提供服務的用餐場所，餐廳把菜品和餐具全部放在長桌或櫃台上，由客人自己拿取餐盤、餐具，客人挑選自己喜歡吃的食品，並在餐廳就座用餐。在整個用餐過程中，只有很少的服務員為客人提供服務。這種餐廳在城市商場的一樓或頂樓比較多，便於客人在逛完商場之後來此處用餐。也有的在商業街區開設，並以一種特色佳餚來吸引顧客的眼球。

3. 按照經營的特色來劃分

可以分為豪華型餐館、大眾型餐館和風味型餐館等基本類型。

豪華型餐館在某一特定的區域擁有較高的聲譽，裝修豪華，環境優美，並且在菜品製作方面也十分考究。除具有一般餐館的特點外，它還可以提供高品質的菜肴、高水準的服務及優良的就餐環境。這種餐館往往擁有一批相對統一的高水準的烹調和服務人員，其服務對象主要是城市高收入者。

大眾型餐館是眾多餐館中的主力軍，從餐館的數量上看，大眾型餐館數量最多。在經營方向上，大眾型餐館的經營品種比較單一，原材料以中低檔為主，口味以當地大多數人可以接受的為主。這類餐館以自身的特點、規模、檔次、服務的差別，在顧客中樹立各自的地位與形象。

風味型餐館是品種雖然單一，但影響力比較大的餐館。它以體現獨特的飲食文化為特色，具有濃郁的地方風味。這類餐館往往具

有一定的代表性，是歷史性、地域性、民族性的綜合反映。這類餐館的菜品品種也比較固定，服務有一定特色。經過歲月的積累，其風味也得到消費者的認可。

7

餐飲市場定位

餐館市場定位是指為了讓餐館產品在目標賓客的心目中樹立明確及深受歡迎的形象而進行的各種決策及活動。透過市場定位，使餐館經營者明白餐館所處的位置，面對的是什麼類型和層次的賓客，才能根據需求設計餐館產品，展開促銷活動。餐館經營的成敗取決於對目標市場的研究與分析，而其關鍵又在於餐館的市場定位是否準確可行。

1. 餐館類型定位

(1)消費水準

就是你的餐館將要服務的群體有多少錢。這點可以參考當地人均收入標準及消費水準，與地方經濟發達與否密切相關。一般來說，消費水準決定的是餐館的檔次，百姓消費不活躍的地區去開高檔餐館就不太合適。

按檔次來分，餐館可分為豪華型餐館、大眾型餐館等基本類型。

①豪華型餐館。在某一特定區域擁有較高聲譽，裝修豪華，環

境優美，並且在菜品製作方面也十分考究。除具有一般餐館的特點外，它可以提供高品質的菜肴、高水準的服務及舒適怡人的就餐環境。這種餐館往往擁有一批相對統一的高水準的烹調和服務人員，其服務對象主要是城市高收入消費群體。

②大眾型餐館。從餐館的數量上看，大眾型餐館數量最多。在經營方向上，大眾型餐館的經營品種比較單一，原材料以中低檔為主，口味以當地大多數人可以接受的為主。這類餐館以自身的特點、規模、檔次、服務的差別，在賓客中樹立各自的地位與形象。

(2)消費群體

對餐館市場定位的目的不是你要利用餐館做什麼，而是你要在那些可能成為你的客戶的消費者心中留下些什麼。瞭解餐館目標群體的消費習慣、消費方式和消費喜好非常重要。這決定了餐館將要提供那種類型的服務。

按照服務的方式來劃分，餐館可分為餐桌服務式餐館、外帶服務式餐館、自助式餐館等基本類型。

①餐桌服務式餐館。一般擁有一定面積的店面，有服務員引領賓客入座，並拿出菜單讓賓客點菜，然後送餐上桌並提供相應的席間服務。這類餐館在餐館業中佔的比重最大，常常稱為酒樓、酒家、飯館等。在發達的城市，配有高素質的服務人員、高技術的廚師隊伍，甚至配有專業營養師的豪華型餐桌服務式餐館非常受追捧。

②外帶服務式餐館。以速食店為代表，主要為賓客提供外帶服務。廚師將菜製作以後，不是裝盤上給賓客，而是將菜品用餐盒包裝好，由賓客帶至餐館以外的地方去吃。這種餐館一般是由於投資者沒有太多的資金，或者在選址上選擇了不太「寬鬆」的店面。但

這種餐館有一個最大的優勢就是能夠為賓客提供送餐服務，特別適合開在寫字樓、學校聚集的地方。一個電話、一份套餐，方便了賓客，也推廣了自己。

③自助餐館。以自助方式提供服務的用餐場所，餐館把菜品和餐具全部放在長桌或櫃台上，由賓客自己拿取餐盤、餐具，賓客挑選自己喜歡吃的食品，並在餐館就座用餐。在整個用餐過程中，只有很少的服務員為賓客提供服務。這種餐館在城市商場的一樓或頂樓比較多，便於賓客在逛完商場之後來此處用餐。有的也在商業街區開設，並以幾種特色佳餚來吸引賓客的眼球。

(3)產品定位

在確定餐館檔次和服務方式之後，你還得想想，你的餐館想要或者能為目標客戶提供什麼樣的食品和服務。這當中，也包含了餐館投資者個人的偏好。當然，其中並非毫無規律可循。例如，你不能到北方人聚集的地方去賣粵菜，否則你可能賠得血本無歸。

按照餐品類型，餐館又可以分為中餐廳、西餐廳、咖啡廳、料理店、特色餐館、速食店等餐館類型。

①中餐廳。中餐文化源遠流長，菜系眾多，常有「四大菜系」、「八大菜系」之說，如川菜、粵菜、浙菜、湘菜、上海菜等，老少皆宜。不過一般的中餐廳都會以某種菜系為主營業務，例如粵菜館、川菜館、湘菜館等。

②西餐廳。指歐美國家的料理餐館。歐美各國菜式、服務均有差異，比較知名的有法國菜、義大利菜、美國菜等，英國菜、瑞士菜及德國菜則居少數。

在中國，一般只有大酒店的西餐廳才會提供正規的西餐服務，

而中小型西餐廳往往融合咖啡廳的經驗元素,提供西式簡餐服務或自助西餐服務。

③咖啡廳。以咖啡、飲料、酒水、甜點、小吃等食物為主,也提供零星餐點,如西式簡餐、中西式炒飯、套餐、煲仔飯、燙飯等。隨著經濟發展,居民生活水準的提高,咖啡廳在中小城市開始慢慢盛行,越來越受到具有小資情調的都市年輕男女的青睞。

④料理店。眼下以日韓料理店數量最多。日本料理店裝飾淡雅、清新,料理樣品精緻,味道清爽不油膩,具有典型的日式文化氣氛;韓國料理則以五穀為主食,採用家常蔬菜或海濱鮮食為輔料,注重用色調來取悅消費者,並輔以鮮辣味道來勾起消費者的食慾,同時配合特色醬汁增加料理的鮮美味道。

⑤特色餐館。通常以劍走偏鋒的方式專門經營一種餐飲產品來滿足特定賓客群體的消費需求,如風味餐館、海鮮餐館、野味餐館、古典餐館、食街、燒烤店、火鍋店等。

2.餐館市場定位

餐館進行市場定位的目的在於,在目標賓客心中留下區別於其他餐館的特別印象。對餐館進行市場定位可分四步走。

(1)鎖定目標客戶

你想為那個消費層次的人群提供服務?他們有怎樣的消費需求?他們的消費實力有多大?他們的消費偏好是怎樣的?弄清這些問題,對消費者進行篩選,挑出最有可能成為你的客戶的那部份群體,投其所好提供相應的服務。

(2)樹立個體形象

鎖定目標客戶之後,就該思考,餐館該以怎樣的面目亮相呢?

什麼樣的形象最能贏得消費者的信任和好感呢？簡而言之，就是你要如何包裝自己。這是每個餐館經營者在開業籌備期間必須想清楚的問題。

「投其所好」是一個重要的法則。如果你的賓客時間總是不夠用，或許你就要以「快」制勝；如果你的賓客比較節儉，那麼你的產品就不能定價太高；如果你的賓客比較注重品質和健康，那麼你不妨打「綠色環保」牌；如果你的賓客追求個性，主題餐館就是值得你考慮的賣點。

(3)強化宣傳行銷

這是一個「酒香也怕巷子深」的年代，這是一個信息爆炸的年代，這是一個餐館多到令人挑花眼的年代——這樣的年代，你完全憑實力取勝？可能性不是沒有，但接近於零。完成餐館的包裝後，你還得想辦法將餐館推銷出去。各種媒介(包括報紙、雜誌、電視、網路、手機等)都將為你提供宣傳管道。適當的炒作，讓客戶先看見你，然後你才有展現實力的機會。

(4)設計餐飲產品

如果你已經將賓客吸引到你的餐館裏來了，你將為這些懷著好奇心而來的賓客提供什麼樣的產品和服務？你提供的是否是優質產品？這個你說了不算，賓客說了才算。此時，讓賓客滿意是唯一的標準。頭次光顧你餐館的賓客是否會再來，取決於他對餐館提供的產品和服務的滿意度。所以，如何用心打造好產品、提供好服務，鞏固餐館在賓客心中的地位，是每個餐館經營者必須認真思考的問題。

餐飲店選址定勝負

做生意最講究「天時、地利、人和」，三者缺一不可。對餐館老闆而言，其中的「地利」顯得尤為關鍵，因為它直接關係到餐館將來的生存和發展。

餐館選址非常重要。因為選址、投資、裝修、招聘、開張營業等是一個體系，而選址是這個體系中最重要的一環，如果選址把握不好的話，就會影響後面工作的進行。選址一旦確定，餐館基本上也就定型了。因此，投資者開餐館選址切不可盲目行事。

一、餐館選址考慮的因素

好地段必須具備那些條件？餐館選址必須考慮那些因素？

1. 客流量

我們不難發現，餐飲投資者在選址時，都考慮到了人流量這個因素。對餐館而言，人流決定客流，客流決定「財流」。但是，值得注意的是「人流≠客流」。

從概率論的角度來說，客流量與人流量成正比，人流基數越大，說明將「人流」轉化為「客流」的機會越大。例如武漢的江漢路步行街，每逢節假日總是人滿為患，人流量非常大。那裏的各種

小吃店都不愁生意。

一般來說，交通便利的地方，人流量都會比較大。像各個城市的步行街，往往都有比較便利的交通到達街口，而且公交線路也比較多。另外，交通還包括是否有停車場，以及停車場是否安全等。良好的交通情況能引人駐足停留，自然會帶來商機。

2. 客源

「人流量」只是選址眾多必須考慮的因素之一。除此之外，對客源的考察也必不可少。

人源只是為客源提供了一個前提條件，但並不是所有的人源都能轉化為客源。而只有客源，才能為餐館帶來利潤和效益。

客源，即潛在客戶，必須在準備經營餐館之初就進行定位。在選址時，客源特點是必須要考慮的因素。因為不同的客流對就餐地點的選擇也大有講究。例如，高檔的商務會餐，就對餐館的檔次要求比較高；而普通的同事聚會，則會選擇比較實惠的餐館；普通工薪階層的午餐，則講究便捷、衛生等。

考察客源必須注重以下幾個方面：

餐館所在地常住人口是支撐餐館持續經營的重要潛在客戶，其數量關係到餐館將來是否有足夠的客源。

一般來說，年輕人的消費慾望更強烈一些，居家的人外出就餐的次數相對較少。老年人到餐館消費的慾望最低。毫無疑問，收入高的人更熱衷於外出消費。

不同收入階層的人對餐館的選擇不一樣，例如普通工薪階層的午餐，大多以速食為主。所以在考察這項時，要與餐館客戶定位相結合。如果您的餐館是經營速食，可以考慮將餐館開設在寫字樓比

較集中的地方，客戶定位為一般的工薪階層。

3. 餐館定位

餐館經營什麼項目，就要有針對性地去尋找相應的客源，根據客源定位，再去選址。

您的餐館決定經營什麼，是選址必須考慮的因素：如果您選擇開火鍋店，選址時就應該注意當地人是否愛吃辣；如果您想到中國開甜食館，千萬不要到全是北方人的地方去開。

餐館的地址與餐館的檔次應該相得益彰。如果您想經營大眾型餐館，不妨選在鬧市區，重點考慮人流量；如果您想經營高檔餐館，那麼可以考慮在高檔辦公樓附近，而且環境必須幽雅；如果您想經營低檔速食，不妨考慮在工地、中學校等低收入群體聚集的地方。

4. 持續經營

每位投資者在決定投資之前，都是希望生意能夠持續經營下去的。對餐館老闆而言，選擇一個可以長期使用的「地盤」顯得尤為重要。

餐館根據自身的特點，盈利週期也不一樣。有的餐館投入比較大，回收成本需要較長的時間。但一個餐館要做到人人皆知，有一定的知名度，是需要時間的。沒有人願意在生意蒸蒸日上之時被迫搬遷，穩定的地址有利於打造餐館的品牌和知名度，有利於培養穩定的客源。如果餐館不能長時間經營，則很可能虧本。

5. 競爭對手

每個行業都存在競爭，餐館業也不例外。在選址時，當您鎖定一個初步目標後，比較保險的做法是，再去考察一下這塊地盤上您將有多少潛在競爭對手以及他們的情況。所謂「知己知彼，百戰不

殆」嘛，考察指標有以下兩個。

考察的辦法很簡單，統計一下那片區域有多少家餐館。對手太多或太少，都不是好事，最好數量適中。餐館「紮堆」能對客源形成較好的吸引力，但類型相同或相似的餐館紮堆在一起，如果太多的話則會弄巧成拙。當然，在「紮堆」的餐館群中，如果您能夠做到非常特別，做到「鶴立雞群」，也未嘗不是一樁好事。

在您擬選擇的區域找出與自己經營同一項目的餐館，考察一下對方的規模、裝修、價格及服務等情況，「敵」我對比一下，弄清自己的劣勢和優勢。如果感覺實力相當，與對方能形成競爭關係，有得一拼，則可以考慮；如果自己的實力與對手相去甚遠，毫無優勢，則放棄為宜。

二、餐館選址的背景調查

1. 對餐館經營環境的調查與分析

決定在某地區開餐館之前，必須對週圍的大環境進行系統的觀察與分析，主要包括以下幾個方面。

①該地區是否屬於經濟繁榮區？如果目前經濟狀況一般，是否有外界因素引起未來的經濟繁榮？

②該地區未來是否有發展前途及繁榮趨勢？

③該地區居民是否有可靠穩定的收入來源？該地區平均薪資水準如何？

④該地區及週圍的企業分佈情況及經濟效益如何？業務往來現狀如何？

⑤週邊地區人口統計及居住情況怎樣？

⑥當地主要的政府、民間、宗教團體情況怎樣？

⑦該地區主要民族及少數民族的飲食習慣和愛好是什麼樣的？

2. 對餐館潛在的客源情況進行調查與分析

不同的消費群體有不同的消費需求。對餐館潛在的客源群體進行分析，有助於正確確定經營項目。潛在的客源情況主要包括以下內容。

①消費者希望的餐館是什麼樣？包括服務類型、環境佈置、經營檔次、服務方式等內容。

②消費者希望餐館經營什麼？例如：是筵席還是工作速食？是地方風味還是正宗菜系？

③消費者適合的營業時間。例如：一般營業高峰在幾時？

④消費者的消費水準怎樣？

⑤特殊人群對餐館服務和菜品的品種、特色有何偏愛？

⑥有無少數民族？分佈狀況如何？他們的飲食特點是什麼？

⑦消費者對娛樂有何要求？消費者喜歡喝什麼？

3. 對餐館競爭者的調查與分析

要想做到「知己知彼，百戰不殆」，必須對該地區方圓幾公里內的大小餐飲店的類型、規模、位置、經營收入狀況有一個全面的瞭解與分析。同時，還需要調查有無其他人也正在籌備或打算在該地區內開設具有競爭性的餐飲店。對競爭者的調查與分析包括以下幾點。

①該地區餐飲的總體規模。

②競爭者的經營類型、風味特色。

③競爭者的營業狀況。

④競爭者的目標市場狀況。

⑤競爭者的優勢。

三、常見的盈利地址

1. 商業區

餐館投資者可以考慮在城市的商場、商業大廈、大型超市等週邊開設餐館。主要是因為這些地方人流量大，客源也相對豐富一些。其實，我們有很多人經常逛街累了，都希望能夠有餐館可以小坐一下，喝點東西，吃點點心什麼的。因此，針對這些以購物和逛街為主的客人，在商業區的餐館應該針對顧客逛街購物時間緊迫的特點，以中西式簡餐為主。同時，投資者還應該注重店面的裝修與週邊環境相匹配，做到衛生、潔淨、舒適。在菜品上，應該更多地符合年輕人的口味。

2. 辦公區

餐館選址也可以考慮在一些公司的辦公樓、寫字樓附近。一般來說，有些公司的辦公地點是臨時租用的，很少會有自己的公用食堂，如果附近備有餐館的話，可以為這些公司解決後顧之憂。因為週邊都是白領，他們往往不太會關注餐館的價格，而主要關注菜品的品質。因此在辦公區選址開餐館，應著重在管理水準和技術水準上多下功夫。

3. 居民區

在居民住宅群和新建社區內經營餐館也是一種不錯的選擇。現在城市家庭，一般都會有重要的聚會，有的時候也會有親戚到訪，這種時候一般家庭都不太會喜歡在自己家裏吃飯。因此常常會有家庭選擇在自家社區附近的餐館就餐。這種社區餐館，應該樸實無華、乾淨清潔。而且菜品應該多多益善，儘量多配備一些家常菜。此外，投資者若選擇在居民區開餐館，應該按照城管、衛生部門等的指引和要求去辦理。千萬不要因為排汙、排煙、噪音等給居民生活造成不便。

4. 學生區

在大專院校內部或週邊地區選址開餐館，也會有可觀的效益。一般情況下，除了學生寒暑假以外，餐館的經營不會出現什麼旺季和淡季之分，較為平穩，有一定的規律。在學生區開辦餐館要注意餐館不要距離校園太遠，裝修也不要太過豪華。在菜品方面，要照顧各地學生的口味，品種應該多樣化，做到南甜北鹹、東辣西酸，應有盡有。考慮到很多大學生喜歡運動，往往會錯過吃飯時間，因此餐館的營業時間也要儘量靈活一些。此外，對於學生而言，菜品分量一定要夠吃，做到葷素搭配，價格適中。

5. 車站區

長途汽車站、火車站、地鐵站等附近，都是人流量較大的地方，如果能夠在附近開一家餐館，其商業潛力會比較大。這類地方跟商業區一樣，人來人往，路人都會比較急於趕路。因此，在這些地方最好可以經營速食和零星餐點。許多城市的火車站經過更新改造後，都會進行一些快餐廳的加盟邀請，無論您是選擇做熟食，還是

選擇做中西式速食，都可以選擇前去投資。此外還需要提醒的是，到車站附近開餐館，一定要誠實經營。因為有一些「不老實」的店老闆以為車站附近的客人都是流動客，便設法去欺騙，讓很多客人很害怕在車站附近就餐。

6. 開發區

一個城市的開發區往往是該城市的投資熱點區域，餐館業也會在這裏有較為旺盛的投資需求。如果您總是關注城市發展的話，那麼很容易就會發現這樣的投資需求了。在一個城市的開發區投資餐館，最需要注意的一點就是，由於開發區是慢慢「火熱」起來的，剛開始的時候，生意可能會有點難做，等開發區的配套設施發展起來之後，生意也會慢慢好起來的。

心得欄 ------------------------------

9

美名才能搶先機

名字，是宣告一個餐館正式誕生的標誌。「人如其名」，說明了名字對人的重要性。其實餐館的名字在某種意義上來說，比人名更加重要。因為人名只需傳達長輩的期望，不必在乎外界的看法。而一家餐館的名字，則要向消費者昭告其存在的意義和目的。它肩負著重要的使命——吸引消費者，在消費者心目中樹立良好的第一印象。而這是關係著一個餐館能否在激烈的市場競爭中生存發展的大事。

一、餐飲店取名必須遵守的五個原則

餐館取名是在餐飲投資者決定開一家餐館前需要著重考慮的因素。先要做出基本的定位，準備開辦一個什麼類型的餐館，位址選在那兒，這兩項大致確定下來了，接下來就要花點心思在這取名上了。餐館的名字是餐館的外在招牌，因此餐館取名是不能夠兒戲的。

一般情況下，餐館命名要遵循五項基本原則。

1. 名字意思要與所經營的餐館類相匹配

餐館的名字要切實把握住實質，與自己所經營的事業應該相一

致，經營什麼類型的餐館就要取什麼種類的名字，例如經營中餐炒菜的可以取什麼食府呀，酒家呀，飯莊呀，這都是很不錯的，無論給什麼類型的餐館取名，最基本的就是要抓住主題。

2. 餐館名字要與週邊環境做到相得益彰

餐館開在那裏就是為那裏的顧客服務，所以無論餐館開在那，都要考慮四週的環境，取個相稱的名字，例如開在南方可以取個「XX酒樓」。還要注意週邊人的習慣，要儘量取一個與四週環境相稱的名字，例如在水邊就取個富含水氣的名字。所以要記住利用身邊的環境為自己的餐館取個合適的名字。

3. 所取餐館名字一定要合法合理

餐館取名一定要符合《企業名稱登記管理規定》的要求和標準，一般情況下需要用漢字來進行表示。所取的餐館名字一定要方便客人記憶，同時也要方便客人朗讀，不能夠產生歧義。

4. 給餐館取的名字一定要簡單明瞭

餐館的名字太長，很容易給客人造成反感，自然也不方便客人記憶。這樣的餐館名字是很難在客人之間傳播的，想介紹給別人的時候都還需要想老半天。因此，除非必要，一定不要把餐館的名字取得太長了。例如「永德門全福記肥腸火鍋家常菜館」，一聽起來就很不順口。這樣的名字，最好不要把「永德門」這個地址寫上去，也不一定要把「肥腸火鍋」這樣特色菜肴的名字寫在餐館名字上。要介紹特色菜肴的話，應該考慮透過其他途徑介紹。因此，這個餐館的名字就可以改成「全福記家常菜館」。這樣簡潔明瞭，客人看到了一目了然。

5. 餐館名字中盡可能不要出現生僻字

餐館名字應該儘量使用大家都非常熟悉的一些漢字、詞語，不要選用筆劃太多的漢字，或者讀音非常生僻的漢字，否則會給客人增添不必要的麻煩。

二、餐館名字必須具備的六個特徵

目前的餐飲市場，中小餐館都以其投資少、成本低、見效快受到餐飲投資者的廣泛青睞。中小餐館的發展路數寬闊，發展的空間也很大，各式各樣的特色餐館現在越來越多，數都數不盡，找一個能很好帶動自己小餐館經營發展的絕佳位置，再創意出一個好的餐館名字，接下來的餐館內部工作也就隨之展開了。然而，很多餐館就因為這個名字沒有取好，便在經營路上一路受阻。可見，餐館名字的好壞直接關係到餐館後續的經營。因此，我們認為，好的餐館名字一般會有如下六個特徵。

1. 簡單明瞭

餐館名字不能夠太晦澀，應該讓所有的目標客人都能夠很輕易地看得懂，這樣也方便客人將餐館信息傳達給其他人群。簡單明瞭的餐館名字一般都會很容易在客人之間進行流傳，「湘鄂情」、「太子軒」、「小藍鯨」、「醉江月」、「豔陽天」這些餐館的名字，都是非常簡單的，但寓意卻非常深刻。

2. 順口易記

餐館名字一定要非常順口，也要方便客人記憶，這樣才能夠傳播下去。要做到這一點，餐館名字一定要講究語言的韻味和通暢，

還應該時刻考慮抓住消費者的精神需求，與消費者產生共鳴。對於那些幽默詼諧的餐館名字，顧客一般都是在不自覺中就記住了，如「東來順餐館」、「巴將軍火鍋」、「川胖子食府」、「豪享來西餐廳」等。相反，有的餐館名字卻讓人覺得吐字不爽，寓意顯得蒼白無力，如「小二黑餐館」、「臭丫頭食府」等。

3. 突顯賣點

小小餐館的名字不能含糊，其不僅要通俗易懂、朗朗上口，更重要的是還要能突顯餐館的賣點，展現餐館的經營項目、經營風格等。因此，餐館名字一定要符合您所經營的內容、特點、風格，切不可隨意了事。例如，像燒烤店就可以取一些諸如「蒙古燒烤屋」、「新疆烤串店」、「草原大烤王」之類的帶有「烤」字的餐館名字，這樣才能夠表明自己給客人提供的是正宗的原汁原味的產品。

4. 符合習俗

風土人情各異，在餐館取名時一定要認真瞭解並充分考慮當地的歷史地理、風俗習慣等因素，否則，您餐館的名字稍有不慎，不但不能刺激顧客需求，相反還會產生一些負面影響。

5. 匹配檔次

餐館的名字應與其檔次相匹配。很多餐館投資者都喜歡在取名字上挖空心思，盡可能地去想一個非常獨特的創意，找到一個非常別具一格的名字。這種精神固然無可厚非，但餐館名字要好聽、有特色，而且還要符合自己餐館的檔次，則實屬不易。

6. 富含文化

餐館名字最好能夠具有一定的文化氣息。這樣，在某種程度上，不但能夠體現餐館老闆的文化功底和素質水準，而且客人也會

很樂意接受。在餐館名字上做「文化」的功夫，往往需要把握一些
詩、詞、景、物等要素，這樣才能夠將文化找到具體依託的載體。
例如現在很多開生態餐館的，將自己的餐館取名為「映水堂」，多
麼富有文化和詩意的店面！

心得欄 ----------------------------------

10

餐館裝修的格調

一、餐館裝修的弊病

餐館環境的舒適與否，直接關係著整個餐館的經營成效廳面設計作為餐館整體環境中設施環境和服務環境的重要一環，正逐漸受到餐館老闆的重視。一部份餐館暴露出的「格調問題」，主要表現在以下五個方面：

1. 餐館結構過於單調

由於餐館的使用場地有限，基本構形呈長方形或正方形，缺乏流動性和變化性，同時增加了空間的混亂和嘈雜。這樣導致餐館往往在結構設計上過於單調，給客人以壓抑感。這是目前很多餐館出現的一個在裝飾結構上的主要毛病。

2. 餐館空氣混濁潮濕

目前，大多數的餐館都使用冷氣機，從而形成了全封閉的空間。在這樣的環境中就餐，往往會讓人覺得空氣不流通，人很不舒服。我們常常見到的火鍋店就有這樣的問題存在。就餐中的酒水、食物、人氣在火鍋的「熱度」中加劇了空氣的渾濁。此外，很多餐館出於用地節約方面的考慮，廚房和餐廳之間的傳菜通道較短，而餐館的廚房排氣功能又不強，這樣間接增加了廳面空氣的渾濁。

3. 餐廳桌位間距過小

在餐館經營中，我們一般要求餐桌之間的距離在 2 米左右，這樣有利於客人活動，也有利於服務員進行席間服務。但我們經常發現許多餐館為了節省空間多擺幾張桌子，提高餐館場地的使用率，這樣反而給客人的行動造成了不便，造成擁擠和嘈雜。

4. 餐廳環境空間壓抑

有很多餐館在裝修時，把吊頂做得很低，這樣導致客人在這種狹小的空間裏感到胸悶和壓抑。試問，壓迫感和緊張的情緒能夠使一個人在就餐中獲得快樂嗎？肯定是不可能的。

5. 餐廳缺乏特色裝飾

一般情況下，如果一家餐館的裝飾能夠使經常在外吃飯的客人眼前一亮的話，那麼就說明這家餐館裝飾得比較有特色、有格調、有品位。但從目前的情況來看，很多中小餐館的裝飾設計大多抄襲或照搬了一些大酒樓的裝飾，同樣採用地板、牆壁、桌椅、宮燈和摺扇等，嚴重缺乏特色和新意。

二、餐館裝飾的基礎

在餐館裝飾之前，需要做好以下相應的基礎準備工作：

1. 準確確定餐館的經營方向和經營效益

(1)餐館經營方向要與市場需求相適應

目前，在餐飲市場中，主要以中檔為主，高檔為輔，兼顧大眾消費。因此，在餐館的規模大小與裝潢檔次上，應該做到因地制宜，不必一味求大求全，盲目追求豪華。

(2)餐館應該追求經濟和社會雙重效益

經營餐館應該注意結合週邊環境來確定座位數,應該在廳面的佈局上做到符合客源層次。我們常常就有老闆會考慮在自己的餐館設置比較經濟型的大眾大廳,也會考慮在頂樓或中間或較高的樓層設立高檔一點的餐廳。這樣就能夠滿足不同客人的需求。這是一種在考慮經濟效益的基礎上注意到社會層次和檔次搭配的做法。

2. 嚴格劃分餐館廳面的功能結構

隨著生活水準和文化素質的不斷提高,人們的消費需求也在不斷地發生變化。一家餐館的功能也往往會由過去的單一就餐功能轉變為具備就餐、休閒、會議和娛樂等多種功能。

目前,很多餐館會充分考慮廳面空間,採取玻璃幕牆、板式折疊、傢俱陳設以及混合照明等方式,將其進行自由劃分,設置接待室、儲存間、表演台,甚至有的會在包間裏設置洗手間。此外,很多餐館也在走多元化的經營路子,將餐館的空間充分利用,經營多種項目,如餐點、小吃、棋牌、茶點、KTV 等。這種組合式的餐館項目,需要充分考慮各類營業項目之間的空間利用和搭配,做到合理劃分,突出功能。

3. 正確確立餐館的風格與特色

一家餐館的整體設計要注重與民族、地方特色緊密結合,而且要積極將這類特色體現在餐館的內部和外部環境設計中。

在內部環境設計上,首先,需要注意外部景觀的介入。外部的自然景觀與餐館內部的空間相互融合,能夠使餐館增添很高的意境。有很多餐館裝飾時,喜歡採取具有民族特色的「竹」、「木」、「花」、「布」等元素來進行。其次,要注意用文化飾品裝點餐館。

在很多餐館會走仿古路線，採用匾、牌和字畫以及其他文化元素來裝飾餐館，使餐館富含文化氣息。最後，注重光線與色彩的中和。很多餐館在內部裝飾上強調燈光似明似暗的朦朧美及注重對紅黃暖色調的運用。

在外部環境設計上，餐館大多比較注重門面功夫。大凡能夠在餐館業中異軍突起的，都有其對外的好「門臉」，也就是我們常常說的「餐館形象」。

4. 加強與時代的緊密結合

餐館的裝修總是在隨著人們物質文化生活的豐富而不斷變化，如果您的餐館裝修的風格還是上個世紀九十年代的，那麼它的生意有理由會好嗎？現代人總是追求健康、環保，於是便有了很多「生態餐館」的出現。目前，在餐館的裝飾中，很多老闆已經懂得利用藤蔓植物、山水盆景以及其他綠色環保材料作為裝飾元素。

其實，不管如何，餐館的裝飾是一項工程，在裝飾之前，需要做好準備，將特色性、經濟性、社會性、文化性、時代性等有機結合起來，這樣才能夠使您的餐館環境符合消費者的需求。

三、餐館特色裝修的絕招

一家餐館如果擁有良好的氣氛，不但能吸引眾多的顧客光臨，同時還能讓餐館變得更加亮麗，這是一件一舉兩得的好事。那麼，如何能為自己的餐館贏得一個好的「招牌」呢？

從迎合大眾顧客的角度來講，一家餐館的氣氛設計主要由兩部份組成：一種是有形的氣氛，包括外觀、風格、佈局等，這一部份

在前期就可以設計完成並逐步進行營造；另外一種就是無形的氣氛，這其中就包括了基本的禮節禮貌、服務人員的態度、服務技術與技巧等綜合要素，對於這一點，餐館老闆可以發動全體員工一起努力實現。

餐館老闆需要有一些「絕招」來幫您的餐廳造就特色，餐館特色裝飾可以考慮如下「七大絕招」。

1. 絕招一：基本裝飾

餐館的基本裝飾需要把精力大量花在牆面和擺飾兩個部份。

關於牆面，一般餐館可以考慮用壁紙來做裝飾。但選擇壁紙，還是需要注意：若是太精細的花紋，就會給人分外煩躁的感覺，若是太粗糙的花紋，又會給人難登大雅廳堂之感。其實，比較保險的作法是使用一般形式的圖案，例如垂直的花紋不但會讓眼睛感到愉悅，而且也可以使餐廳看起來高挑一些。

關於擺飾，最關鍵的是需要做好綠化和點綴。綠化擺設，如盆栽植物、吊花等，都可以給餐館注入生命和活力。特別是在餐館的包房，如果空間允許，可以考慮在餐桌中間放一盆綠色賞葉類或觀莖類植物，但不宜放開謝頻繁的花類植物。

2. 絕招二：傢俱選擇

餐館內部廳面的傢俱樣式雖多，但目前最常用的是方桌或圓桌，餐椅結構要求簡單，否則，過大的餐桌、餐椅將使餐館空間顯得擁擠。桌椅之間的搭配要協調，同時要保證桌椅的顏色與整個餐館的空間相匹配。在對餐館廳面進行設計時，往往需要考慮各種材質的傢俱元素，對於木質、鋼質、人造革以及其他材質的傢俱配件，需要進行綜合對比與安裝。

一定要注意的是：傢俱的選擇決定了餐館最後的文化內涵，因此，不能夠掉以輕心。即便是小餐館，也不能夠隨便東拼西湊，以免看上去整個餐館的傢俱非常淩亂，影響食客的食慾和心情。

3.絕招三：廳面處理

餐館廳面處理主要應該做好廳面的陳設以及廳面的地面處理。餐館廳面的陳設既要美觀，又要實用，不可信手拈來，隨意堆砌。餐桌、餐椅、收銀台、冷氣機、酒水櫃、工作台等物件的選擇，切不可想當然，一定要根據廳面的實際尺寸與規格來進行匹配。否則，選擇之後，您就會發現很多東西會不符合自己餐館的要求，例如，冷氣機不夠冷、工作台太小、酒水櫃不夠裝酒等。餐館廳面的地面，一定要採用防滑材質的材料來進行裝飾，這是首要的，一定要把客人的安全放在第一位，其次才是考慮美觀的問題。很多餐館的廳面地板都會使用一些表面光潔、容易清潔而且比較防滑的地磚或石材來鋪設。

4.絕招四：空間組織

一家餐館，即便是面積不大，只要精心設計，也能夠做到「物盡其用」。餐館大廳空間的組織在餐館的格調營造上顯得尤為重要，如何將餐桌、餐椅、收銀台、冷氣機、酒水櫃、工作台等物件進行合理擺放，是一件非常有藝術性的事情。將這些物件擺放得好的餐館，不僅能夠為客人提供方便，而且還能夠充分利用餐館的空間，多放一些台面，使餐館的工作流程更加順暢。如果不然，則會形成大廳擁堵，很容易出現磕磕碰碰，導致物件散落、客人行走不便等。有很多餐館為了利用大廳的空間，多擺幾張台，但往往疏於考慮，給客人和自己帶來了諸多的不便。

5. 絕招五：廁所佈置

廁所佈置是關係到餐館經營好壞的一個重要細節。我們常常去一些餐館吃飯，問到廁所時，不是說沒有，就是廁所無法讓人接受。大街上的國外知名速食品牌在這個方面做得較好，不僅能夠滿足店內客人的需要，而且也為過路客人提供了諸多方便。但國內的餐館在這個方面做得就明顯不夠好，其主要問題表現在：廁所檔位太少，客流量大時無法滿足需要；廁所氣味較大，讓人覺得特別難受；廁所燈光太暗，黑漆漆的讓人看不見；廁所內沒有放廁紙，給客人帶來極大的不方便；廁所排水不好，到處是水漬等。這些問題的解決，需要餐館老闆捨得花錢在廁所上，並且進行細心地設計來解決。

餐館廁所的設計和佈置需要注意這樣一些細節：第一，注意保持良好的通風，排風扇要夠好，而且需要設置地漏；第二，設置易清潔的廁所門牆，防止不必要的「廁所文化」出現；第三，廁所地板應該用防滑地板鋪設，以避免出現客人在廁所摔倒的事件。

6. 絕招六：色彩佈置

在對餐館的色彩進行佈置時，需要注意這樣一些方面：顏色的選擇不能夠太雜，2～4 種最為適宜；顏色的對比度對能夠太過強烈，顏色過渡要適宜，例如紅色和綠色就不能夠在一起進行搭配，這樣會給食客強烈的色彩刺激；顏色的佈置需要考慮到非常細小的環節，那怕是一個水杯，一個坐墊；顏色的純度需要適度考慮，不能夠採用太多純的顏色，適度選擇配一些自然色；顏色的選擇需要講求順序，從面積大的部份開始選擇，可以先考慮天花板，然後再是牆面，再是地面，最後再是其他細部環節的顏色問題。

7.絕招七：獨特設計

為了滿足不同層次顧客的要求，在自己的餐館裏嘗試設計並安排不同特色的風格，這是一個聰明餐館老闆的高明做法。下面可以為大家提供幾種成功的參考。

⑴餐館裏的讀書區。眾所週知，噪音是影響一個人讀書的最大障礙，而在一家餐館的讀書區的週圍，如果安裝玻璃牆可以最大限度的減輕這個問題，那麼這家餐館的上座率就可想而知了。另外，玻璃牆能保持很好的能見度，這樣一來，客人在讀書的時候可以靜下心來專心閱讀，而又不必擔心自己「與世隔絕」。在靠讀書區一邊的牆上，可以排列很多書架，上面擺滿圖書。此外，一台液晶電視機，一款可以安靜進行的娛樂遊戲，以及週圍顏色輕柔、舒適大方的椅子和沙發，為來就餐的客人提供了一個安逸享受的機會。

在餐館的讀書區裏，還可以零零落落的散放一些茶几，讓客人在就餐前後可以有一個安靜舒適的位置讀書看報。這樣的餐館，完全將餐飲和娛樂、學習充電和休閒遊玩融為一體，生意當然火爆異常。

⑵餐館裏的布幔區。有一家餐館，在就餐廳面的兩側牆邊設置了布幔區，利用布幔將就餐廳面隔開，分成幾個可供兩三個人小坐的「茶話間」。一些希望獨處的夫妻或者情侶完全可以在這個有布幔隔開的小空間裏享受鬧市區裏的自由。這種鬧中取靜的方式讓他們感到物我融一，身心舒適。餐館的品牌也就隨之自然而然的傳遞開來，不到半年，餐館老闆又相繼開了兩家分店。

⑶餐館裏的休息區。受地面面積小的限制，餐館的老闆想到了利用「空中資源」，這家餐館的休息區高於地面，放一張可供 3 個

或者更多客人使用的一個較大的桌子，大家可以自由、輕鬆的交談。由於設置在地面上方，這裏居高臨下，能看清楚整個餐館裏的其他任何區域。那些結伴而來的客人經常光顧這家餐館，由於這裏最接近於普通意義上的餐館，因此，來的人也比較多，餐館的老闆也為客人們留下了足夠的位置。

(4)餐館裏的吊椅區。早在讀大學期間，就發現很多有情調的小餐館，某大學附近的一家叫「白雪兒」的餐館。老闆奇思妙想地將整個餐館裝飾成了一個「吊椅王國」，綠色的塑膠花綁縛在吊椅的鐵索上，吊椅上放著小布袋熊、小哈巴狗等布藝玩物。配合著這裏的鐵板飯、煲仔飯、特色速食，大學的情侶會在此度過許多美好的日子。

由此可見，獨特體貼的設計總會讓餐館店面成為「亮點」和「招牌」。

其實，規模較大的餐館可以參考上面幾種做法，多在餐館的裝飾上下功夫，為餐館打造一個獨特的品牌；如果是中小規模的餐館，應用上面一些簡單的特色設計也會產生良好的效果，致力於改造自己餐館格調的老闆可以嘗試一下。

11

餐館的裝修重點

隨著賓客消費需求的上升，店內環境在餐館中的地位已經越來越高。良好的就餐環境，有時候甚至成為餐館開店成敗的關鍵因素。這就對餐館的裝修提出了更高的要求。而要想改善和提高餐館的店內環境，並不是投入越多就越好，更多在於餐館前期的裝修計劃，也在於餐館裝修所依據的設計佈局標準。

餐館佈置包括餐館的出入口、餐館的空間、坐席空間、光線、色調、空氣調節、音響、餐桌椅標準以及餐館中賓客與員工流動線設計等內容。

1. 餐館通道的設計與佈置

餐館通道的設計與佈置應要求流暢、便利、安全，切忌雜亂。要求從視覺上給人以統一的感覺，既要完整，令每個服務員都能順利地工作，賓客的行走安全隨意，又要靈活安排，根據餐館的形狀設計高效的通道，使其平面變化達到完整與靈活相結合的佈局效果。

2. 餐館內部空間、座位的設計與佈局

餐館內部的設計與佈局應根據餐館空間的大小來決定。由於餐館內部各部門對需佔用的空間要求不同，所以在進行整體空間設計佈局的時候，既要考慮到賓客的安全、便利，以及服務員的操作效

果等,又要注意全局與部份之間的和諧、均勻,體現出獨特的風情格調,使賓客一進餐館就能強烈地感受到美感與氣氛。餐館的空間設計包括以下四個方面:

①流通空間,如通道、走廊、座位等;

②管理空間,如服務台、辦公室、休息室等;

③協作空間,如配餐間、主廚房、冷藏保管室等;

④公共空間,如洗手間等。

餐館座位的設計與佈局,對整個餐館的經營影響很大。儘管餐桌、椅、架等大小、形狀各不相同,但有一定的比例和標準,一般以餐館面積的大小,按座位的需要作適當配置,使有限的餐館面積能最大限度地發揮其運用價值。目前,餐館中坐席的配置一般有單人座、雙人座、四人座、六人座、圓桌式、沙發式、長方形、情人座、家庭式等形式,以滿足各類賓客的不同需求。

3. 餐館的光線和色調

大部份餐館設立於鄰近路旁的地方,並以窗代牆;也有些設在高層,這種充分採用自然光線的餐館,使賓客一方面能享受到自然陽光的舒適,另一方面又能產生一種明亮寬敞的感覺,使賓客心情舒展而食慾增加。還有一種餐館設立於建築物中央,這類餐館須借助燈光,並擺設各種古董或花卉,光線與色調也十分協調。

不論採用何種光源或照射方式,光線的強度是最根本的影響因素。同時,光線強度對賓客的用餐時間也有影響。暗淡的光線會延長賓客的用餐時間,明亮的光線則會加快賓客的用餐速度。

色調是餐館風格和氣氛中可以看得見的重要因素,用以符合賓客的各種心境。不同的色調對人的心理和行為有不同的影響。色調

由色彩和強度兩部份組成。色彩即各種顏色，不同的顏色對人的心境有不同的影響。白色讓人安寧，黃色使人興奮，綠色代表和平，藍色令人輕鬆，紅色使人振奮等等。強度指光線的明亮程度。

一般來說，應該先確定餐館的主色調。主色調確定後，可以用其他顏色作為配合，同時應防止喧賓奪主。餐館廳面的色調構成主要取決於牆面、地面、吊頂、窗簾、傢俱、台布、燈光等，除要表達特殊目的外，應以清新淡雅為主，不宜過深。在實際應用中，應根據經營的目的確定餐館的色調。如希望賓客延長用餐時間，要選用安靜、悠閒、柔和的色調；如要提高賓客的流動率，就要使用刺激、活躍、對比強烈的色調。

4. 空氣調節系統的佈置

賓客來到餐館，希望能在一個四季如春的舒適環境中就餐，因此室內的溫度對餐館的經營有很大的影響。餐館的空氣調節匿地理位置、季節、空間大小所制約。如地處廣東、海南一帶的餐館，沒有一個涼爽宜人的環境，不可能賓客盈門。雖然空氣調節設備費用昂貴，只要安排得當，總是收入大於支出的。賓客因職業、性別、年齡的不同而對餐館的溫度有不同的要求。通常，婦女喜歡的溫度略高於男性；孩子所選擇的溫度則低於成人。此外，季節對餐館的溫度也有影響。夏天，餐館的溫度要涼爽；冬天要溫暖。一般來說，餐館的最佳溫度應保持在 21～24℃。

此外，氣味也是餐館氣氛的重要組成因素。氣味通常能給賓客留下極為深刻的印象。賓客對氣味的記憶要比視覺和聽覺的記憶更加深刻。有時，烹飪的芳香彌漫餐館，會引起賓客食慾。然而，如果是過分濃烈的氣味，或者是一些汙物和某種不正常的氣味必然會

給賓客留下惡劣的印象。

5. 音響的配置

餐館根據營業需要，在開業前就應考慮到音響設備的佈置。

音樂是現代人吃飯時不能缺少的享受，有了音樂必然就要有良好的音響設備。音響設備包括樂器和樂隊。不同種類的餐館要進行不同的音樂設計。在高檔餐館中，可以播放或演奏高雅音樂，如鋼琴或小提琴，有樂隊演奏，歌星獻藝，賓客自娛自唱。餐館經營者還可根據餐館主題，按賓客享受需要增添必要的音響設備，提高餐館的經營效益。

此外，餐館還得控制好噪音。噪音是由冷氣機、賓客流動和餐館外部環境等因素造成的。不同種類的餐館對噪音的控制有不同的要求，不同類型的賓客對於餐館噪音的接受程度也不一樣。對於忙碌了一天的企業員工，就需要一個安靜和幽雅的就餐環境。但對於學校食堂就不一樣，由於學生聽了教師半天的課，熱鬧的食堂會起到放鬆和休息的作用。

6. 桌椅的配置

桌椅是餐館經營必備的設備之一。餐館的規模、檔次和經營方式決定了桌椅的形式、數量和檔次。

餐桌一般有圓桌、長桌和方桌三種形式。餐桌擺放的形式有多種。一般來說，中低檔餐館多選用長桌和較大的圓桌，容易緊湊地擺放，而小方桌則用於補充邊角；高檔餐館多選用中方桌和中、小圓桌，這樣的餐桌能擺放得寬敞，能使賓客感到舒適，並可使餐館的格局更具情調。餐桌的配置要根據餐館營業面積的大小和形狀，按照餐館的檔次和經營形式，合理選擇餐桌的形式和安排餐桌間的

距離，確定通道的位置、走向和寬度，最終確定餐桌的形式、規格和數量。

一般來說，在裝修前期，就應對餐桌、餐椅的風格定奪好。其中最容易衝突的是色彩、天花板造型和牆面裝飾品。它們的風格對應應該是這樣的：①玻璃餐桌對應現代風格、簡約風格；②深色木餐桌對應中式風格、簡約風格；③淺色木餐桌對應自然風格、北歐風格；④金屬雕花餐桌對應傳統歐式（西歐）風格；⑤簡練金屬餐桌對應現代風格、簡約風格、金屬風格。

最後，餐桌與餐椅需要較好地配合。餐桌與餐椅一般是配套的，若是分開選購，需要注意保持一定的人體工程學距離（椅面到桌面的距離以 30 釐米左右為宜）。

7. 餐館動線的安排

餐館動線是指賓客、服務員、食品與器皿在餐館內流動的方向和路線。

賓客動線應以從大門到座位之間的通道暢通無阻為基本要求。一般來說，餐館中賓客的動線採用直線為好，避免迂迴繞道，任何不必要的迂迴曲折都會使人產生一種人流混亂的感覺，影響或干擾賓客進餐的情緒和食慾。餐館中賓客的流通通道要盡可能寬敞，動線以一個基點為準。

餐館中服務人員的動線長度對工作效益有直接的影響，原則上愈短愈好。在服務人員動線安排中，注意一個方向的道路作業動線不要太集中，盡可能除去不必要的曲折。可以考慮設置一個「區域服務台」，既可存放餐具，又有助於服務人員縮短行走路線。

8.洗手間的設置

洗手間設置要合理，便於賓客使用，色調要體現整潔、安靜、舒適，光線要柔和。評估一家餐館應從裝潢最好的洗手間開始，因為任何人都可以由洗手間的整潔程度來判斷該餐館對於食物的處理是否合乎衛生，所以應引起特別重視。

洗手間的設置應注意：①洗手間應與餐館設在同一層樓，免得賓客上下不方便；②洗手間的標記要清晰、醒目（高規格的餐館要做到中英文對照）；③洗手間切忌與廚房連在一起，以免影響賓客的食慾；④洗手間的空間能容納 3 人以上。

心得欄

12

餐飲業的經營指標

　　經營目標表示企業經營的目的和奮鬥的方向。管理者沒有目標，就會在實踐中失去依據而亂套。餐飲企業的各級員工各有自己的目標。不同層次的目標，互相組合在一起，使企業正常運轉。小目標的實現，保證了中目標；中目標的實現又保證了大目標的完成。

　　餐飲企業必須制定總利潤、總營業額、市場佔有率等目標，餐飲企業管理人員應經常獲取下面的管理參數。

1. 資金週轉率

　　資金週轉率表示在一定時間內企業使用某項資產的次數。計算週轉率，有助於判斷企業對存貨、流動資金和固定資產的使用情況和管理效率。例如，餐廳應確定最適當的流動資金週轉率，並對實際週轉率進行比較。週轉率過低，流動資金不足，一旦遇到企業的營業收入下降，企業就可能面臨資金不足的局面。

2. 空間利用率

　　每個經營單元如酒吧、餐廳等合理佔據的面積，是根據容納的人員及每個人員所需面積計算得出的，空間利用率是指包括酒吧、餐廳、宴會廳等空間的利用面積佔總面積的比例。另外，應充分注意營業的淡旺季節性，儘量開發淡季時的市場，如老年人市場、舉辦棋牌比賽會和各種訂貨會等，以提高空間利用率。

3. 在穩定的營業時間內，餐飲的需求量

確定餐飲需求量，要求考慮原料的供應，廚房生產能力及客人等情況，注意各種菜式的銷售結構，避免有的菜供不應求，有的卻無人問津。

4. 人均服務的坐位數

人均服務的坐位數是指餐廳服務人員每人負責的餐廳坐位數，它可以反映該餐廳服務人員的工作能力與效率。人均服務的坐位數愈多，說明工作能力愈強、效率愈高，而管理人員就愈應注意服務工作的品質，以免出現人均負責的坐位過多，出現應接不暇而服務不週的情況。

人均服務的坐位數少，服務人員的工作效率不高，勞動成本開支大，技術水準不高。當然，不同的餐廳服務類型，不同的營業時間，對於人均服務的坐位數的需求也不同，餐飲企業應根據餐廳本身的服務特點與要求，制定出合理的人員配額，以便最大限度地挖掘潛力，減少人力開支，提高效益。

5. 毛利率與成本率

毛利率是指產品銷售毛利與產品銷售金額的比例，它是反映產品銷售贏利程度的指標。成本率是產品的原材料成本對產品的銷售額的比例，是反映原材料成本佔銷售額比重的指標。

$$餐飲的成本率 = \frac{已銷售的食品、飲品總成本}{食品、飲品的總收入} \times 100\%$$

如果實際成本率高於標準成本率，說明原材料進價過高，或消費過大，應及時採取措施，使實際成本率降下來。如果實際成本率

低於標準成本率，說明銷售價格與實際價值不符，或者其他方面有問題，應當找出原因。毛利率從另一側面反映成本與收入的關係，其計算方法可從 1 減成本率得出。

6.坐位週轉率

坐位週轉率是就餐人數與餐廳總席位數的對比值。計算公式為：

$$坐位週轉率 = \frac{就餐客人總數}{餐廳坐位數 \times 實際營業日} \times 100\%$$

坐位週轉率關係到客人停留時間的長短，如果不影響服務品質，坐位週轉率偏高為好。管理人員要注意分析怎樣的週轉率是合適的。若發現坐位週轉率下降，很可能是由於季節性緣故或服務品質降低、價格偏高或食品品質低劣而引起的。

7.人均消費額

人均消費額是指營業收入除以就餐人數的值，它反映客人的消費水準，是掌握市場狀況的重要資料。

在不降低總銷售量、不減少客人的前提下，餐飲企業要努力提高人均消費水準。由於漲價因素，最高消費額逐年增加，但餐飲企業也可以通過調整菜單、合理採購、創造新的服務項目等措施，儘量控制最高消費額的增加。這樣可以穩定價格水準，保證「回頭客」的生意。

8.營業時間

它是企業服務能力的一個反映。按照客人的需求，確定餐廳每天的開業、結束時間，以及專門的用餐時間，例如，有的冷餐會是

從下午 3 點鐘到 6 點鐘,夜宵可以從晚上 9 點鐘開始。另外,還要設法縮短開門營業前的預備工作時間,因為這段時間雖然不影響營業額,但與管理費用有關,那怕縮短一分鐘,也可使成本降低。

9. 人均銷售額

人均銷售額是指餐飲總收入除以全體出勤人員數的比值,它反映的是各個餐飲網點的勞動效率水準。人均創收高,說明該餐廳的勞動效率高,勞動成本低;反之,則說明勞動效率不理想,勞動成本高。人均銷售額可以幫助管理人員對各個餐廳的實際經營效益作對比,從中發現效益差、人均創收少的部門,並隨之查找原因,找出解決問題的辦法。

心得欄 _

_ _

_ _

_ _

_ _

_ _

13

餐飲經營計劃指標

　　計劃指標是用數字來表示企業經營管理所要達到的水準或績效。在餐飲經營管理中，計劃指標主要有以下 3 個功用：

· 是計劃目標數額大小的反映
· 是計算各種指標數額的客觀依據
· 是計劃編制和指標分析的工具

表 13-1　餐飲企業經營計劃指標

編號	名　稱	公　式	含　義
1	餐廳定員	=座位數×餐次×計劃期天數	反映餐廳接待能力
2	職工人數	=(期初人數+期末人數)/2	反映計劃期人員數量
3	季節指數	=[月(季)完成數/全年完成數]×100%	反映季節經營程度
4	座位利用率	=(日就餐人次/餐廳座位數)×100%	反映座位週轉次數
5	餐廳上座率	=(計劃期接待人次/同期餐廳定員)×100%	接待能力利用程度
6	食品人均消費	=食品銷售收入/接待人次	客人食品消費水準

7	飲料比率	=(飲料銷售額/食品銷售額)×100%	飲料經營程度
8	飲料計劃收入	=食物收入×飲料比率+服務費	反映飲料營業水準
9	餐飲計劃收入	=接待人次×食物人均消費+飲料收入+服務費	反映餐廳營業水準
10	日均營業額	=計劃期銷售收入/營業天	反映每日營業量大小
11	座位日均銷售額	=計劃期銷售收入/(餐廳座位數×營業天)	餐廳座位日營業水準
12	月分解指標	=全年計劃數×季節指數	反映月計劃水準
13	餐飲毛利率	=(營業收入－原材料成本)/營業收入×100%	反映價格水準
14	餐飲成本率	=(原材料成本額/營業收入)×100%	反映餐飲成本水準
15	喜愛程度	=(某種菜餚銷售份數/就餐客人人次)×100%	不同菜點銷售程度
16	餐廳銷售比率	=(某餐廳銷售額/各餐廳銷售總額)×100%	各餐廳經營程度
17	銷售利潤率	=(銷售利潤額/銷售收入)×100%	反映餐飲銷售利潤水準
18	餐飲流通費用	=∑各項費用額	反映餐飲費用大小
19	餐飲費用率	=(計劃期流通額/營業收入)×100%	餐飲流通費用水準
20	餐飲利潤額	=營業收入—成本—費用－營業稅金 =營業收入×(1－成本率－費用率－營業稅率)	反映營業利潤大小
21	餐飲利潤率	=(計劃期利潤/營業收入)×100%	餐飲利潤水準
22	職工接客量	=客人就餐人次/餐廳(廚房)職工人數	職工勞動程度

續表

23	職工勞效	=計劃期收入（創匯、利潤）職工平均人數	職工貢獻大小
24	職工出勤率	=（出勤工時數/定額工時數）×100%	工時利用程度
25	薪資總額	=平均薪資×職工人數	人事成本大小
26	計劃期庫存量	=期初庫存+本期進貨－本期出庫	反映庫存水準
27	平均庫存	=（期初庫存+期末庫存）/2	月在庫存規模
28	月流動資金平均佔用	=（∑期初佔用+期末佔用）/2	年、季、月流動資金佔用水準
	季流動資金平均佔用	=季各月平均佔用/3	
	年度流動資金平均佔用	=各季平均佔用/4	
29	流動資金週轉天數	=計劃期營業收入/同期流動資金平均佔用	流動資金管理效果
30	流動資金週轉次數	=（流動資金平均佔用×計劃天數）/營業收入	流動資金管理效果
		=流動平均佔用/日均營業收入	流動資金管理效果
31	餐飲成本額	=營業收入×（1－毛利率）	反映成本大小
32	邊際利潤率	=毛利率－變動費用率	反映邊際貢獻大小
		=[（營業收入－變動費用）/營業收入]×100%	反映邊際貢獻大小
		=（銷售比率－變動費用）/銷售比率	反映邊際貢獻大小
33	餐飲保本收入	=固定費用/邊際利潤率	反映餐飲盈利點高低
34	目標營業額	=（固定費用+目標利潤）/邊際利潤率	計劃利潤下的收入水準
35	餐飲利潤額	=計劃收入×邊際利潤率－固定費用	反映利潤大小

續表

36	成本利潤率	=(計劃利潤額/營業成本)×100%	成本利用效果
37	資金利潤率	=(計劃利潤額/平均資金佔用)×100%	資金利用效果
38	流動資金利潤率	=(計劃期利潤額/流動資金平均佔用)×100%	流動資金利用效果
39	投資利潤率	=(年度利潤/總投資)×100%	反映投資效果
40	投資償還期	=[(總投資+利息)/(年利潤+年折舊)]+建造週期	反映投資回收效果
41	庫存週轉率	=(出庫存貨物總額/平均庫存)×100%	反映庫存週轉快慢
42	客人平均消費	=餐廳銷售收入×服務費比率	服務費收入大小
43	餐廳服務費	=餐廳銷售收入/客人總數	就餐客人狀況
44	食品原材料淨料率	=(淨料重量/毛料重量)×100%	反映原材料利用程度淨料單位成本
45	淨料價格		產品生產份數安排
46	某種菜生產份數	=毛料價/(1-損耗率) =就餐總人次×喜愛程度	

14

編制餐飲營業收入計劃

營業收入計劃是餐飲利潤計劃的基礎。它根據餐廳上座率、接待人次、人均消耗來編制。餐飲營業收入的高低受不同餐廳等級規格、接待對象、市場環境、顧客消費結構等多種因素的影響,編制營業收入計劃,需要區別不同餐廳的具體情況,至於營業收入計劃的內容,則和銷售計劃基本相同。

餐飲經營計劃的編制是營業收入計劃為起點的,編制營業收入計劃,一般分為 3 個步驟:

1. 確定餐廳上座率和接待人次

它要求以餐廳為基礎,根據歷史資料和接待能力,分析市場發展趨勢和準備採取的推銷措施,將產品供給和市場需求結合起來,確定餐廳上座率和接待人次。其中,餐廳接待人次要充分考慮住店客人,同時,又要考慮店外客人和附近居民的需要。

2. 確定接待人次

住店客人的接待人次一般是根據客房出租率計劃分析住店客人到不同餐廳用餐的比率。店外客人則根據檔案資料和市場發展趨勢來確定。大型餐館則根據不同類型的餐廳分別確定。

3. 確定餐廳人均消費

餐飲人均消費應將食物和飲料分開,食品確定人均消費額,飲

料確定銷售比率。一些餐館餐飲人均消費是將食品和飲料一起計算。不管屬於那一種，都要考慮 3 個因素：一是各餐廳已達到的水準；二是市場環境可能對餐飲人均消費帶來的影響；三是不同餐廳的檔次結構和不同餐次的客人消費水準。

4.編制營業收入計劃方案

營業收入計劃一般可通過季節指數分解到各月，也可逐月確定。季節指數的確定，既可以餐廳為基礎，又可以全部餐飲銷售額為基礎。營業收入計劃方案則都以餐廳為基礎，最後匯總，形成食品、飲料和其他收入計劃。

案例：飯店有客房 320 間，年度計劃出租率 72.5%，雙開率 68.4%。賓館有餐廳 5 個，餐飲部門管理人員在收集計劃資料的基礎上，研究了市場供求關係，做好了銷售預測。得到如下資料，見表 14-1 和表 14-2，餐飲部營業收入計劃編制工作（早餐不接店外客人）。

案例分析：

⑴確定各餐廳早餐接待人次，如中餐廳為：

接待人次=320×365×72.5%(1+68.4%)×20%

=28520（人次）

⑵確定下餐接待人次，如上餐廳為：

店內客人次=320×365×72.5%(1+68.4%)×28%

=39928（人次）

店外客人次=210×2×365×52.45%

=80406（人次）

合計人次=39928+80406

=120334（人次）

其他各餐廳預算方法相同。

表 14-1　各餐廳銷售預測表

預測項目＼餐廳	中餐廳	西餐廳	宴會廳	咖啡廳	酒吧
座位數	210	120	180	80	50
早餐店客	20%	30%	25%	10%	—
正餐店客	28%	16%	—	32%	8%
正餐外客上座率	52.45%	58.19%	68.7%	15.8%	16.29%—
早餐食物人均消費	8.5元	12.4元	9.4元	6.8元	3.6元
正餐食物人的消費	25.6元	32.8元	58.4元	15.4元	62.8%
飲料比率	18.6%	21.3%	23.5%	12.4%	

表 14-2　各餐廳季節指數表

年＼指數＼月	1	2	3	……	12	合計
中餐廳	5.38	6.12	7.26		6.54	100%
西餐廳	5.86	6.43	7.14		7.25	100%
宴會廳	6.23	6.58	7.05		7.16	100%
咖啡廳	5.96	6.24	7.35		7.48	100%
酒吧	6.12	6.35	7.46		6.59	100%

(3)根據銷售預測，編制餐飲營業收入計劃表（見表 14-3）：

表 14-3　餐飲部營業收入計劃表

餐廳	項目	年度 早餐	年度 正餐	年度 合計	1月 早餐	1月 正餐	1月 合計	2-12月 ……
中餐廳	接待人次	28520	120334	148854	1534	6474	8008	
	上座率	37.21%	78.5%	64.73%	23.56%	49.72%	41%	
	食品收入	24.24	308.055	332.295	1.304	16.573	17.877	
	飲料收入	4.509	57.298	61.807	0.243	3.083	3.326	
	合計收入	28.749	365.353	394.102	1.547	19.656	21.203	
西餐廳	接待人次	42780	73790	116570	2507	4324	6831	
	上座率	97.67%	84.24%	88.71%	67.39	58.12%	61.21%	
	食品收入	53.047	242.031	295.078	3.109	14.183	17.292	
	飲料收入	11.299	51.549	62.848	0.662	3.021	3.683	
	合計收入	64.346	293.58	357.926	3.771	17.204	20.975	
宴會廳	接待人次	35650	90271	125922	2221	5624	7845	
	上座率	54.26%	68.7%	63.89%	39.8%	50.39%	46.86%	
	食品收入	33.511	527.188	560.699	2.088	32.844	34.932	
	飲料收入	7.875	123.899	131.764	0.491	7.718	8.209	
	合計收入	41.386	651.077	692.463	2.579	40.562	43.141	
咖啡廳	接待人次	14260	54859	69119	850	3270	4120	
	上座率	48.84%	93.94%	78.9%	34.27%	65.93%	55.38%	
	食品收入	9.697	84.483	94.18	0.578	5.036	5.614	
	飲料收入	1.202	10.476	11.678	0.072	0.624	0.696	
	合計收入	10.899	94.959	105.858	0.65	5.66	6.31	

續表

酒吧間	接待人次	—	17354	17354	—	1062	1062
	上座率	—	47.55%	47.55%	—	34.25%	34.25%
	食品收入	—	66.247	66.247	—	0.382	0.382
	飲料收入	—	3.923	3.923	—	0.24	0.24
	合計收入	—	10.17	10.17	—	0.622	0.622
部門合計	接待人次	121210	256609	477819	7112	20754	27886
	上座率	56.29%	75.33%	70%	38.88%	52.3%	70.23%
	食品收入	120.495	1168.004	1288.499	7.079	69.018	76.097
	飲料收入	24.885	247.135	272.02	1.468	14.686	16.154
	合計收入	145.38	1415.139	1560.519	8.547	83.704	92.251

心得欄

15

編制營業利潤計劃

營業利潤是經濟效益的本質表現。營業收入減去營業成本、營業費用和營業稅金，就是營業利潤。

在餐飲部門營業利潤形成後，營業利潤計劃只反映部門經營效果。在涉外餐館，營業利潤計劃還包括稅金安排和利潤分配。因此，計劃指標內容還包括利潤額、利潤率、成本利潤率、資金利潤率、實現稅利等。

餐飲營業利潤計劃的編制，主要是將收入、成本和費用計劃匯總，形成計劃方案。其方法分為 2 個步驟：

1. 先編制餐飲計劃營業明細表

它以餐廳為基礎，將各餐廳營業收入、營業成本和營業毛利匯總，形成計劃方案，作為餐飲管理成本控制的主要依據。

2. 再編制餐飲企業利潤計劃表

可以部門為基礎，也可以全店為基礎。其方法是將整個餐飲企業的收入、成本、費用匯總，形成餐飲企業損益計劃表。它是餐飲經營計劃的本質內容。其中，營業明細表是利潤計劃表的補充。兩者結合使用，成為餐飲業務管理的重要工具。

案例：以大立餐廳為例，餐飲部門下年度起將加收 10%的服務費。請根據餐飲部門的收入、成本和費用計劃。編制餐飲營業明細

表和部門利潤計劃表。

案例分析:

　　1.匯總餐飲收入和成本計劃,編制營業明細表。內容見表 15-1。

　　2.編制營業明細表時,部門毛收入中包括食品和飲料 10%的服務費。

　　3.匯總餐飲收入、成本和費用計劃,編制餐飲部門損益計劃表,此表以年度為基礎,全年和每月增色一張,作為計劃控制的依據,內容見表 15-2(未加職工餐廳和簽單成本)。

　　　　心得欄 -

- -

- -

- -

- -

- -

表 15-1　餐飲部門營業明細表

單位：萬元

項目	年計劃	1月	2月	3月	……	12月
營業收入	1650.519	91.869	99.558	111.06		109.495
中餐廳	394.102	21.203	24.119	1		25.774
西餐廳	357.926	20.975	23.015	28.612		25.95
宴會廳	692.463	43.141	45.564	25.556		49.58
咖啡廳	105.858	6.31	6.606	48.819		7.918
酒吧	10.17	0.24	0.249	7.781		0.273
服務費	156.052	9.187	9.955	0.293		10.95
				11.106		
營業成本	479.255	28.059	30.485	34.206		33.57
中餐廳	140.209	7.544	8.582	10.18		9.17
西餐廳	108.574	6.362	6.98	7.751		7.871
宴會廳	185.897	11.582	12.232	13.106		13.31
咖啡廳	42.194	2.515	2.633	3.101		3.156
酒吧	2.363	0.056	0.0579	0.0681		0.0634
營業毛利	1081.264	63.81	69.537	76.855		75.925
中餐廳	253.893	13.659	15.537	18.432		16.604
西餐廳	249.352	14.613	16.035	17.805		18.079
宴會廳	506.566	31.559	33.332	35.713		36.27
咖啡廳	63.664	3.795	3.973	4.68		4.762
酒吧	1.56	0.148	0.191	0.225		0.21
部門毛收入	1237.316	72.997	79.023	87.961		86.875

表 15-2 餐飲部門損益計劃表

單位：萬元

計劃數	實際完成	到當月累計	上月同期	去年同期
接待人次	477819			
上座率	70%			
營業收入	1560.519			
食品	1288.499			
飲料	272.02			
服務費	156.0525			
營業成本	479.255			
食品	411.758			
飲料	67.497			
營業毛利	1081.264			
食品	876.741			
飲料	204.523			
毛收入	1237.316			
人事成本	297.4			
工薪	162.96			
膳食	84.97			
其他	49.47			
管理費用	59.3			
銷售費用	39.013			
維修費用裝飾	28.089			
費用	23.408			
交際費用	24.968			
水電費用	53.02			
燃料動力洗滌	48.75			
費用	18.65			
清潔用品	21.968			
服務用品餐具	21.847			
消耗	18.726			
不可預見費折	28.47			
舊	186.75			
營業稅	85.829			
營業利潤	281.128			

16

表單分析技術

經營分析技術就是對餐飲經營運用的整體把握，幫助管理者把握經營狀況，找到問題所在，並加以改善。

一、日常報表分析

日常分析就是對餐飲運作的經常性分析，它主要表現為對營業日報表的分析。

一般的營業日報表如表 16-1 所示。營業日報表的分析可分為三大類：營業構成、分類構成和收入構成。

營業構成就是指整體餐廳的營業收入構成是怎樣的，其中包括各餐廳營業收入狀況，就餐人數等。分析這些數字可以得出平均每餐位消費額週轉率及各個餐廳每天的銷售動態。分類構成就是指各出品部門在每天營業收入構成中所佔的比重，這實際就在於分類營業收入，也是分部核算指標的重要資料。通常，分類營業收入都會反映出某市的經營規律。收入構成就是指在營業收入中所有收入的構成狀況，如現金、信用卡、支票、外部簽單和內部簽單等，這反映了資金週轉方面的問題。

表 16-1　每天營業報表式樣（局部）

XX 大酒店餐飲部門營業收入報表

20　年　月　日

		早茶市	午飯市	下午茶	晚飯市	夜宵	備註
一樓餐廳	廚房						
	海鮮						
	點心						
	燒鹵						
	小食						
	酒水						
	其他						
小計							
二樓餐廳	廚房						
	海鮮						
	點心						
	燒鹵						
	小食						
	酒水						
	其他						
小計							
共計							
全天合計							
收入構成	現金：			支票：			
	信用卡：			外部簽單：			
製表人				填寫時間			

部門主管最關心的是每天的分類營業收入，因為它涉及你所在部門的綜合毛利率的高低問題。

每天的營業收入報表，是由財務部負責統計並列印出來，並在指定的時間送到有閱讀許可權的管理者手中。

二、單據稽查

餐飲運作，必須要建立完善的監督和稽查機制，每一個部門的操作流程中每一個環節都要有記錄在案，對每個品種、酒水、紙巾、煙的銷售都要有明確的記錄。同時，財務部對所有記錄的單據進行稽查，以保證不發生漏洞和差錯。

通常在財務部都設有稽查一職，其主要職責是對餐飲部門所發生的單據進行核對查實，具有監督的作用，能夠及時發現問題。

對單據的稽查主要分為：出品稽查、海鮮稽查、酒杯水稽查 3 類。

1. 出品稽查

出品稽查就是把出品部門的出品記錄的數量和總額，與收款處所收到的分類營業收入核對。

出品部門的記錄一般都是以在備餐間劃單上菜為準，因為這是確定出品部門最後實際出品的記錄數。分類營業收入是在收款處對各個部門出品的收款記錄的匯總。這兩個數應該是平衡的，如有差錯，就要追究：是出品沒有登記？是已經出品但沒有收款？還是在銷售過程中發生的增加、減少或取消等環節的差錯？

2.海鮮稽查

海鮮稽查就是將海鮮單的銷售數量與收款處的收款數量核對。由於海鮮是很多餐廳銷售的主要構成,進貨價格浮動大,而且容易損耗成本,其綜合毛利率比較低。所以,很多餐飲機構對海鮮稽查都非常重視。

在進行海鮮稽查時要注意,當天銷售量與海鮮池登記的賣出量是否相同?一些高檔的海鮮品種(如龍蝦)的營業收入與海鮮的賣出數量是否一致?

3.酒水稽查

酒水稽查就是將餐廳服務員開出的酒水單上的總是和總額與酒水部每班的報表進行核對。例如酒水單上銷售的罐裝可樂是 20 罐,那麼在酒水日報表上所記載的罐裝可樂的銷售量也應該是 20 罐。一般而言,酒水單計算出來的總額與收款處所收到的酒水總額是相等的。如果不相等,那就證明,要不然就是收款有問題,要不然就是酒水部出了漏洞。

心得欄 _____

_____

_____

_____

_____

_____

17

食品成本控制的步驟

　　控制是一種基本的管理職能，是使企業的實際經營成果符合管理部門所制定計劃的一系列活動。

一、食品成本控制的步驟

1. 確定標準和標準流程

　　管理人員需首先確定衡量經營實績的各種標準，規定應在今後一段時間內獲得的營業收入數額與食品、飲料等成本數額。

　　⑴品質標準：包括原料、產品和工作品質標準。從某種意義上講，確定品質標準是一個評定等級的過程。

　　⑵數量標準：指重量、數量、分量等計量標準。例如，管理人員必須確定每客菜餚的分量、每杯飲料的容量等數量標準。

　　⑶成本標準：通常稱作標準成本。管理人員可通過測試，確定標準成本。

　　⑷標準流程：指日常工作中，生產某種產品或從事某基本工作應採用的方法、步驟和技巧。

2. 確定實際經營成果

　　制定標準和標準流程之後，管理人員必須制定確定實際經營成

果的流程。

3.比較標準和實際經營成果

收集實際經營成果之後，管理人員應對標準和實際經營成果進行比較。

4.改進措施

對標準和實際成果的比較，管理人員需分析引起兩者之間重大差異的原因，以採取必要的改進措施。餐飲管理人員要把改進過程看成「控制」。例如，食品成本過高，必須找出原因，並修改有關工作流程。

5.評估

評估階段是控制流程中的最後一個階段。通過評估，管理人員能瞭解改進措施是否有效，並發現其他問題，明確是否需要作出其他決策。

在餐飲部的營業收入中，除去成本即為毛利。食品成本與營業收入之比，就是食品成本率，用公式表示為：

$$食品成本率 = \frac{食品成本}{營業收入} \times 100\%$$

所以說，在確定毛利率的同時也就決定了食品成本率。餐飲部的食品成本率一旦確定，餐飲管理人員就可以此為依據，努力控制食品成本。

二、食品成本偏高的原因

1. 菜單計劃方面

⑴未考慮每天的時間、天氣、氣溫、節假日的變化對餐飲經營的影響。

⑵菜餚項目太多或太少。

⑶菜單單調乏味。

⑷菜單不易閱讀，沒有次序。

⑸低成本菜餚推銷不夠。

⑹未考慮市場食品供應的可能性。

⑺菜單定價不當。

⑻未考慮各種菜餚製作所需人力及其設備條件。

⑼對於高消費的平均消費額較高，與較低的成本不平衡。

2. 採購方面

⑴採購過多。

⑵採購價格太貴。

⑶未考慮應付採購市場競爭的策略。

⑷未按採購規格的說明書實施採購。

⑸採購員缺乏責任感。

⑹採購員與供應商關係不佳。

⑺採購缺少成本預算。

⑻採購有騙取行為。

⑼對原料採購帳單及支付情形未加稽核。

3.驗收方面

⑴有偷竊行為。

⑵未核對價格、數量、品質。

⑶不遵守驗收流程和方法。

⑷缺少必要的設備、用具。

⑸驗收後的貨物不及時進倉,造成原料受損。

4.儲存保管方面

⑴儲存區域沒有劃分,食品週轉不當。

⑵儲存溫度與濕度失當。

⑶儲存的食品未做逐日檢查。

⑷儲存區域不乾淨,不通風。

⑸無盤存記錄和庫存滯銷報告。

⑹食品儲存和核發工作沒有制定嚴格的規章制度。

5.領發料方面

⑴倉庫發料未加控制與記錄。

⑵未注意發料物品的價格。

6.廚房生產方面

⑴沒有必要的設備或設備太差。

⑵由於粗加工不當,蔬菜和肉類剪除過分。

⑶未查鮮活料的產期。

⑷沒有使用盛產期的低成本產品成本。

⑸生產過量。

⑹烹飪方法錯誤。

⑺烹飪溫度錯誤且過火候。

(8)使用不潔和殘缺的器具。

(9)沒有盡可能用小鍋烹調。

7. 服務銷售方面

(1)未規定標準分量。

(2)服務時沒有採用標準器皿。

(3)沒有儘快將食物送到餐桌上。

(4)不用心造成事故和浪費。

(5)已出廚房的食物未作記錄。

(6)未注意「跑帳」。

(7)出現偷竊行為。

(8)促銷廣告太差。

(9)缺乏銷售的比較和物品消耗的標準。

8. 管理控制方面

(1)未作逐日銷售審核。

(2)沒有做銷售和成本消耗預測。

(3)沒有實施獲得效果而制定的系統、流程和方針。

18

餐飲業食品成本控制的方法

食品成本控制貫穿於餐飲經營業務的全過程，是對食品的質和量進行控制。這一全過程包括以下八個環節。如圖 18-1。

圖 18-1　食品生產過程圖

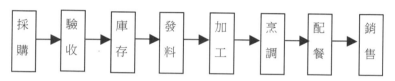

一、採購控制

採購是食品成本控制中的第一個環節，某些食品是否能形成利潤，往往在採購階段就已經決定了。要做好採購階段的成本控制工作，必須做到：

1. 堅持使用採購規格標準

餐廳應根據烹製各種菜餚的實際要求，制定各類原料的採購規格標準，對採購的原料從形狀、色澤、等級、包裝要求等方面加以規定，並在採購工作中堅持使用。這不僅是保證餐飲成本品質的有效措施，也是最經濟地使用各種原料的必要手段。

2. 嚴格控制採購數量

過量的採購必然導致過多貯存，而過多地貯存原料，不僅佔用資金、增加倉庫管理費用，而且還容易引起偷盜、原料變質損耗等問題。因此，餐廳應根據營業情況、現有庫存量、原料特點、市場供應狀況等，努力使採購計劃與實際需要相符合。

3. 採購必須合理

食品原料採購者應該確保原料品質符合採購規格的前提下，儘量爭取最低的價格。採購時，要做到貨比三家，以做比較選擇。原料價格是否與原料品質相稱是檢驗採購工作效益的主要標準。

二、驗收控制

驗收控制的目的除檢查原料品質是否符合餐廳的採購規格標準外，還在於檢查交貨數量與訂貨數量、價格與報價是否一致。因此，驗收工作應包括：

1. 對所有驗收原料、物品都應稱重、計數和計量，並做如實登記。

2. 核對交貨數量與訂購數量是否一致、交貨數量與發貨單填寫數量是否一致。

3. 檢查原料品質是否符合採購規格標準。

4. 檢查購進價格是否和所報價格一致。

5. 如發現數量、品質、價格方面有出入或差錯，應按規定採取拒收措施。

6. 儘快妥善收藏處理類進貨原料。

7.正確填制進貨日報表、驗收記錄和肉簽等票單。

進貨日報表中，應將生鮮食品、飲料、罐頭等分別記入。在大型餐廳中，還應將食品原材料的發送地填寫清楚，以便有關部門進行計量管理。

驗收時，如發現有些商品數量不足、規格有差別。或其他與要求有差異的情況，要詳細記入驗收記錄。驗收記錄一式三聯，會計、採購員、驗收員各執一聯。採購員可憑此辦理追加或退貨手續。

對於肉類等高價品，應在每塊肉上加註肉簽。肉簽一式兩份：一份加在肉上；另一份由庫房管理員掌握。這樣便於根據先入先出原則進行庫存管理。

檢查驗收的工作重點在於：是否按定貨規格進行驗收；箱裝食品原材料中間或底部有無異常，是否查清。

三、庫存控制

庫存是食品成本控制的一個重要環節。為了保證庫存食品原料的品質、延長有效使用期、減少和避免因原料腐敗變質引起食品成本增高，杜絕偷盜損失，原料貯藏應著重以下幾方面的控制：

1.人員控制

原料的貯存保管工作應有專職人員負責，任何人未經許可不得進入庫區。庫門鑰匙須由專人保管，門鎖應定期更換。

2.環境控制

不同的原料應有不同的貯藏環境，如幹藏倉庫、冷庫、冷藏室等，一般原料和貴重原料應分別保管。庫房設計建造必須符合安

全、衛生要求，有條件的企業應在庫區安閉路電視監察庫區人員活動。

3. 日常管理

原料貯藏保管工作應有嚴格的規程，其基本內容須包括以下幾個方面：

(1)各類原料、各種原料都須有其固定的貯藏地方，原料經驗收以後，應儘快地存放到位，以避免耽擱引起損失。

(2)為了有效的防止腐爛，應對生鮮食品加以管理，保管過程要求對溫度進行嚴格控制；貯存時間過長也是造成減重、腐爛、鮮度下降的因素。貯存過程中，要防止細菌繁殖。倉庫中往往地面濕氣較重，因此庫存品最好放在距地 10~15cm 的貨架上。直接入口的食品要放在塑膠包裝和紙包裝中保存。

(3)對於庫存品要經常按易腐序列進行檢查，其順序如下：貝類、魚類、奶類、奶油類、蛋類、豬肉、雞肉、牛肉。對於出現異常的食品原材料應及時剔除，防止污染。例如破損的罐頭，生蟲的穀類(粉)，不明日期的貝類、奶類等。研究和採用先進的貯存方法能加強防腐工作，提高防腐效果。

(4)各類原料入庫存時註明進貨的日期，並按照先進先出的原則調整位置和發放原料，以保證食品原料品質，減少原料腐敗、黴變損耗。

(5)定期檢查記錄幹藏倉庫、冷藏室、冷庫、冷藏箱櫃等設施設備的溫濕度，確保各類食品原料在合適的溫濕度環境中貯存。

(6)保持倉庫區域清潔衛生，杜絕鼠害、蟲害。

(7)每月月末，保管員必須對倉庫的原料進行盤存並填寫盤存

表。如表 18-1。盤存時該點數的點數，經過秤的過秤，而不能估計盤點。對盤存中發生的盈虧情況必須經餐飲部經理嚴格審核，原則上，原料的盈虧金額與本月的發貨金額比不能超過 1%。

表 18-1　XX 餐廳盤存表

_____年_____月_____日

原料名稱	單位	單價	實存量	帳存量	盈餘數	虧損數	原因
合計							

餐飲部經理：_____　　成本核算員：_____　　保管員：_____

四、發料控制

從成本管理的角度出發，發料控制的基本原則是只准領用食品加工烹製所需實際數量的原料。另外，發料控制還要抓好以下幾個方面：

1.使用領料單。任何食品原料的發放，必須以已經審批的原料領用單為憑據，以保證正確計算各領料部門的食品成本。同時，餐廳應有提前交送領料單的規定。使倉庫保管員有充分時間正確無誤地準備各種原料。

2.對於肉類等高價品的出庫管理有多種方法：要求按烹調需要的大小規格進行採購，或採購進來後按統一標準進行加工，發出一

份一份的量。特別對於小型餐飲系統來講，能夠堅持做到按需烹調，不僅可以避免浪費，還能增加經濟收益。

3.對於長期未使用的在庫品，應主動提醒廚師長，避免造成死藏。

4.規定領料次數和時間。倉庫全天開放任何時間都可以領料的做法並不科學，因為這樣會助長廚房用料無計劃的不良作風。所以，餐廳應根據具體情況規定倉庫每天發料的次數和時間，以促使廚房作出週密的用料計劃，避免隨便領料，減少浪費。

五、加工、烹調、配餐控制

食品原料的粗加工、切配以及烹調、裝盤過程以企業食品成本的高低也有很大影響，這些環節如不加以控制，往往會造成原料浪費、成本增加，因而在食品原料的加工、烹調階段，企業必須注意以下幾個方面：

1.切割烹燒測試。對於肉類、禽類、水產類及其他主要原料，餐廳應經常進行切割和烹燒測試，掌握各類原料的出料率；制定各類原料的切割、烹燒損耗許可範圍；檢查加工、切配工作的績效，防止和減少粗加工和切配過程中造成原料浪費。

2.對粗加工過程中剔除部份(肉骨頭等)應儘量回收，以提高其利用率，做到物盡其用，從而降低成本。

3.堅持標準投料量。這是控制食品成本的關鍵之一。在菜餚原料切配過程中，必須使用稱具、量具，按照有關標準菜譜中規定的投料量者切配。餐廳對種類菜餚的主料、配料投料量規定應制表張

貼,以便職工遵照執行,特別是在相同菜餚採用不同投料量的情況下,更應如此,以免出現差錯。

4.切配時,應根據原料的實際情況整料整用、大料大用、小料小用、下腳料綜合利用,以降低食品成本。

5.控制菜餚分量。餐廳中有不少食品菜餚是成批烹製生產的,因而在成品裝盤時必須按規定的分量進行,也就是說,應按標準菜譜所規定的分量進行裝盤,否則就會增加菜餚的成本,影響毛利。

6.在烹飪過程中提倡一鍋一菜、專菜專做,並嚴格按規程進行操作,力法語不出或少出廢品,有效的控制烹飪過程中的食品成本。

六、銷售控制

在服務銷售過程中也會引起食品成本的增加,銷售控制的目的是確保在廚房生產的、在餐廳銷售的所有食品都能獲得營業收入。

1. 有效地使用訂單控制營業收入。

接受顧客點菜時,服務員必須首先將菜餚名稱填寫在訂單上,廚師不應烹製訂單上未記錄的任何菜餚。服務員應使用圓珠筆或無法擦掉字跡的鉛筆填寫訂單,如果填寫錯誤,應當劃去,而不能擦掉。各個餐廳和酒吧應使用不同顏色的訂單,訂單必須編號,以便出現問題後,能立即查明原因,並採取措施,防止問題再次發生。

2. 防止或減少由職工貪污、盜竊而造成的損失。

(1)服務員用同一份訂單兩次從廚房領菜而將其中一次的現金收入塞入自己的腰包。

(2)服務員領用了食品,訂單上卻不做記錄。

⑶服務員可能會少算親友客帳單上的金額或從親友的客帳單上劃去某些菜餚。

⑷服務員可能偷吃食物。

3. 抓好收款控制。

⑴防止漏記或少記菜點價格。

⑵在帳單上準確填寫每個菜點的價格。

⑶結帳時核算正確。

⑷防止漏帳或逃帳。

⑸嚴防收款員或其他工作人員的貪污、舞弊行為。

4. 認真審核原始憑證，以確保餐飲部的利益。

心得欄

19

餐飲業的成本分析

一、保本分析

保本點，又叫損益分界點、贏虧平衡點。

保本點是經營管理的一個很重要的度。它不僅可以揭示一個企業贏利和虧損的界限，而且它的位置的高低及其變化趨向，還可以揭示企業的經營狀況、經營能力、經營水準，預示著企業經營狀況的發展趨向。

例如：每月固定成本是 360000 元，邊際貢獻率是 56.43%，求出保本經營收入。

解

按公式：保本經營收入=固定成本總額÷邊際貢獻率，

代入：

保本經營收入=360000÷56.43%≈637959(元)

答：保本經營收入是 637959 元。

二、目標利潤分析

在經營分析中，經常會碰到這種情況，在一些已知的條件下，

究竟要做多少營業收入才能實現既定的目標利潤呢？

在例子中，目標利潤是 120000 元，那麼：

目標營業收入=（360000+120000）÷56.43%≈850061（元）

怎樣才能實現這 850061 元的營業收入呢？

經營者可有這樣的選擇，一是增加就餐人數：

850061 元÷44.3%≈19189 人次

即按平均每餐位消費 44.3 元來算，每個月要有 19189 人次來就餐，才能完成 12 萬元的目標利潤。這比保本營業收入的 14401 要增加多 4788 人次。經營者就要考慮，要增加 4788 人次，平均每天要增加 160 人次左右，是否能夠實現？如果難以實現，就要考慮採用另外的方法。

二是增加每位消費額。原來的每餐位消費額是 44.3 元，如果要實現目標利潤，那麼：

850061 元÷480 位÷30 天≈59 元

問題是，每具位消費從 44.3 元提高到 59 元，這其中相差 14.7 元，是否可行呢？管理者要考慮的這 14.7 元在 4 個市中怎樣分配？如果覺得分配不下，可考慮第三種方法。

三是既增加人數又增加每餐位的消費額。

如果管理者認為，每餐位的消費額從原來的 44.3 元提高到 52 元是可行的，那麼，就餐人次是：

就餐人次=850061 元÷52 元≈16347 人次

這樣，保本就餐人次是 14401，實現目標利潤的就餐人次是 16347 人次，這其中只增加了 1946 人次。如果管理者認為，平均每天增加 65 人次是可行的，那麼這個 52 元的平均每餐位消費額就

是可行的。

　反過來，如果管理者認為，每天 65 人次是難以達到的目標，平均每天只增加 50 人次才是可行的，那麼每月就餐人數應是：

　每月就餐人數=50 人次×30 天+14401 人次=15901 人次

　按照每月 15901 人次來就餐的話，那麼，平均每餐位的消費應提高：

　平均每餐位消費額=850061 元÷15901 人次≈53.46 元

　這 53.46 元與 52 元只相差 1.46 元，在 4 市中分配應該是沒有多大的問題。這樣，就找到了一個平衡點：每月總共有 15901 人次來就餐，平均每餐位消費是 53.46 元，既可以實現目標利潤，又是可操作的和可接受的。

三、成本結構比較

　研究成本結構是有趣的。不同的成本結構對不同條件的經營風險，其優點是不同的。

　假定，有 A、B 兩餐飲機構，都是 1000000 元的營業收入，但 A、B 的成本結構不同，如表 19-1 所示。

　由表 19-1 可知，A 成本結構是固定成本佔比重較大，B 成本結構是固定成本佔比重較小。這兩個成本結構那一個合理呢？

表 19-1　成本結構比較（一）

	A 餐飲機構		B 餐飲機構	
	收支	佔百分比	收支	佔百分比
營業收入	1000000		1000000	
減：變動成本	550000	50%	600000	60%
邊際貢獻	550000	50%	400000	40%
減：固定成本	380000	38%	280000	28%
利潤	120000	12%	120000	12%

　　如果營業收入都增長了 100000 元，那麼，A、B 兩個成本結構都在不同的變化，如表 19-2 所示。

表 19-2　成本結構比較（二）

	A 餐飲機構		B 餐飲機構	
	收支	佔百分比	收支	佔百分比
營業收入	1100000		1100000	
減：變動成本	550000	50%	660000	60%
邊際貢獻	550000	50%	440000	40%
減：固定成本	380000	34.5%	280000	25.5%
利潤	170000	15.5%	160000	14.5%

　　從表 19-2 中可看出，如果是營業收入增長，固定成本比重較大的成本結構會有著明顯的優勢，而固定成本比重較小的成本結果，其利潤增長就不如前者。

誠然，如果是反過來，營業收入下降趨勢，固定成本比重較大的就會吃虧了，而固定成本經重較小的就顯出優勢了。如表 19-3 所示。

表 19-3　成本結構比較（三）

	A 餐飲機構		B 餐飲機構	
	收支	佔百分比	收支	佔百分比
營業收入	900000		900000	
減：變動成本	450000	50%	540000	60%
邊際貢獻	450000	50%	360000	40%
減：固定成本	380000	42.2%	280000	31.1%
利潤	70000	7.8%	80000	8.9%

一個餐飲店不可能經常改變固定成本的比重，問題是，通過這種比較可看出，固定成本的比重對一個餐飲機構的保本點及其經營趨勢有著重要的影響。作為餐飲管理者，應該盡可能使固定成本的比重趨於合理。

四、固定成本與變動成本

有時候，固定成本會發生變化，當固定成本發生變化時，如果要保持原來的目標利潤，那麼要增加固定成本，其計算公式是：

營業收入=（原固定成本總額+新增固定成本總額+
　　　　　目標利潤）÷邊際貢獻率

假定案例中要新增加 2000 元的固定成本，用做新設備的折

舊，那麼，要保證實現 120000 元的目標利潤，其營業收入為：

營業收入=(360000 元+2000 元+120000 元)÷56.43%

≈854156 元

即比原來 850061 元增加了 4095 元，按此，應該是問題不大，因為這 4059 元在經營中很容易平均消化掉。

變動成本的變化主要是指進貨價格變動太大，或者新品種比例太多，水電費用的單價變化，其他變動項目的單位變動等，從而引起整體或單位變動成本的變化。

案例中，每位的保本消費額是 44.3 元，變動成本率是 43.57%，如果變動成本率因為各種原因提高了 3.43%，達到了 47%，那麼，對該餐廳的保本營業收入有什麼影響？

如果按照 47%的變動成本率，那麼該酒定的邊際貢獻率就是 53%，這樣，根據公式：

保本營業收入=固定成本總額÷邊際貢獻率，可計算出新的保本營業收入：

保本營業收入=360 000 元÷53%≈679245 元

比原來的 640000 元多了 40000 元。可見變動成本的變化對保本營業收入的影響是非常大的。在這個基礎上，要實現 120000 元的目標利潤，其營業收入是：

目標營業收入=(360000 元+120000 元)÷53%

≈905660 元

比原來的 850061 元多了 55539 元。從這個角度來看，可看出成本控制的重要性。

20

菜單分析法

菜單分析法(ME)是英文 Menu Engineering 的縮寫,也稱為菜單工程。它是指通過對餐廳品種的暢銷程度和毛利額高低的分析,確定出那些品種暢銷且毛利又高;那些品種既不暢銷毛利又低;那些品種雖然暢銷,但毛利很低;而那些品種雖不暢銷,但毛利較高。這種分析方法稱為菜單工程,或 ME 分析法。

為做好 ME 分析法,首先應瞭解品種的構成。任何一個餐廳的品種,不外乎以下 4 種情況。如圖 20-1 所示。

很明顯,第一類的品種是餐廳最希望銷售的,因為這類菜既受顧客歡迎,又能給餐飲企業帶來較高的利潤。所以,在更新菜單時,這類品種應絕對保留。第四類品種既不暢銷,又不能帶來較高的利潤,在更新菜單時,應去掉這些品種。

值得說明的是,在 ME 分析時,不應將餐廳提供的所有品種或飲料放在一起進行分析、比較,而是按類或按菜單流程分別進行。只有在同一類中進行比較分析,才能看出上下高低,分析才有意義。

圖 20-1　ME 分析中的品種分類

一、菜單分析法的過程

以某餐廳菜單的介紹為例，進行 ME 分析，如表 20-1 所示。不管分析的品種項目有多少，任何一類品種的平均歡迎指數為 1，超過 1 的歡迎指數說明是顧客喜歡的菜，超過得越多，越受歡迎。因而用顧客歡迎指數去衡量品種的受歡迎程度，比用品種銷售數百分比更加明顯。品種銷售數百分比只能比較同類菜的受歡迎度，但是與其他類的品種比較時或當品種分析項目數發生變化時就難以比較，而顧客歡迎指數卻不受其影響。

表 20-1　ME 品種分析示例

品種	銷售分數	銷售數百分比	顧客歡迎指數	價格	銷售額	銷售額百分比	分析
鮑汁竹笙鵝肝捲	30	10%	1	28	840	12%	暢銷，高毛利
三耳密豆炒肚仁	40	13%	1.3	23	920	13%	暢銷，高毛利
粟米湯大芥菜螺片	20	65%	0.6	26	520	7%	不暢銷，低毛利
酥皮金湯海鮮豆腐	50	16%	1.6	22	1 100	15%	暢銷，高毛利
燒汁百花煎釀靈菇	30	10%	1	26	780	11%	暢銷，低毛利
蘆筍肉柳	20	6%	0.6	18	360	5%	不暢銷，低毛利
泰式芥菜炒燒肉	40	13%	1.3	18	720	10%	暢銷，高毛利
蠔皇螺肉白菜捲	25	8%	0.8	23	575	8%	不暢銷，低毛利
OX 醬四角豆爆生腸	35	10%	1	18	630	9%	暢銷，高毛利
紅燒汗肉丸海參煲	25	8%	0.8	28	700	10%	不暢銷，低毛利
總計/平均值	315	30%	1		7145	30%	

僅分析品種的顧客歡迎指數還不夠，還要進行品種的贏利分析，將價格高、銷售額指數大的品種分析為高利潤品種。銷售額指數的計算法如同顧客歡迎指數。顧客歡迎指數高的品種為暢銷品種。這樣，可以把分析的品種為四類，並對各類品種分別制定不同的促銷策略，如表 20-2 所示。

表 20-2 品種分析表（1）

編號	銷售特點	表 20-1 的例子	促銷手法
1	暢銷高毛利	鮑汁竹笙鵝肝卷	保留
2	暢銷高毛利	三耳蜜豆炒肚仁	保留
3	不暢銷低毛利	粟米湯大芥菜螺片	取消
4	暢銷高毛利	酥皮金湯海鮮豆腐	重點促銷品種
5	暢銷低毛利	燒汁百花煎釀靈菇	作誘餌或取消
6	不暢銷低毛利	蘆筍肉柳	取消
7	暢銷高毛利	泰式芥菜炒燒肉	保留
8	不暢銷低毛利	蠔皇螺肉白菜卷	取消
9	暢銷低毛利	OX 醬四角豆爆生腸	作誘餌或取消
10	不暢銷高毛利	紅燒汗肉丸海參煲	吸引高檔客人或取消

暢銷高毛利的品種既受顧客歡迎又有較高的毛利，是餐廳的贏利品種，在更新菜單時應該保留。

暢銷低毛利的品種一般可用於薄利多銷的低檔餐廳，如果價格不是太低而又較受顧客歡迎，可以保留，使之具有吸引顧客到餐廳就餐的誘餌作用。顧客進了餐廳還會點別的品種，所以這樣的暢銷

菜有時甚至賠一點也值得。但有時贏利很低而十分暢銷的品種，也可能轉移顧客的注意力，擠掉那些贏利能力強的品種生意。如果這此品種明顯地影響贏利高的品種的銷售，就應果斷地取消這些品種。

不暢銷但高毛利的品種可用來迎合一些願意支付高價的客人。高價品種的絕對毛利額大，如果不是太不暢銷的話可以保留。但如果銷售量太小，會使菜單失去吸引力，甚至會影響廚房的綜合毛利率，所以連續在較長時間內銷售量一直很小的品種應該取消。

不暢銷低毛利的品種一般應取消。但有的品種如果顧客歡迎度和銷售指數都不算太低，接近 0.8 左右，又在營養平衡、原料平衡和價格平衡上有需要的品種仍可保留。

二、菜單分析法的改善

將 ME 分析法應用於餐飲業的菜單分析，仍有許多不足之處。如餐飲企業關心的利潤，而不是品種售價。上例中評價品種利潤高低的假設前提條件是價格越高，毛利也越高，這通常是正確的，但價格高並不是真正意味著利潤就高。

暢銷程度分界線的劃分標準應重新確定。上例中假設的暢銷與不暢銷的分界線是顧客歡迎指數為 1，而餐廳中肯定會有很多品種的歡迎指數是 0.8 或 0.9 以上，接近於 1，這些品種不能說不暢銷，如果其毛利或銷售額再低一些，也是接近高與低的分界點，使用上述方法則很容易把這部份品種打入「冷宮」。

表 20-3　品種分析表(2)

編號	銷售份數	銷售數百分比	顧客歡迎指數	價格	標準成本	毛利額	評價
1	30	10%	1	28	11	17	
2	40	13%	1.3	23	9	14	
3	20	6%	0.6	26	14	12	
4	50	16%	1.6	22	6	16	
5	30	10%	1	26	15	11	
6	20	6%	0.6	18	13	5	
7	40	13%	1.3	23	6	14	
8	25	8%	0.8	18	12	11	
9	35	10%	1	18	8	10	
10	25	8%	0.8	28	9	19	

因而，在進行 ME 分析時，可做下面此改進。

1. 考慮每個品種的原料成本和毛利。

2. 根據國外餐廳的做法，可以將暢銷程度即顧客歡迎指數分界點定為 0.7。這樣，就可能出現不同的結果。

注意，在計算平均價格、平均成本和平均毛利額時切不可用簡單算術平均法，因為每個品種的銷售量不一樣，所以應用加權平均法。

平均價格=($\sum$ 每品種銷售份數×品種售價)÷($\sum$ 品種銷售份數)

平均成本=($\sum$ 每品種銷售份數×品種標準成本)÷($\sum$ 品種銷售份數)

依表 20-3 為例：

平均價格=

(30 × 28+40 × 23+20 × 26+50 × 22+30 × 26+20 × 18+40 × 18+25×23+35×18+25×28)÷315≈22.68(元)

平均成本=

(30×11+40×9+20×14+50×6+30×15+20×13+40×6+25×

　　12+35×8+25×9)÷315≈9.6(元)

平均毛利額=

(30×17+40×14+20×12+50×16+30×11+20×5+40×

　　14+25×11+35×10+25×19)÷315≈13.33(元)

當這類品種的毛利額超過 13.33 元時為高毛利，低於 13.33 元時為低毛利，這類品種的顧客顧客指數超過 0.7 時為不暢銷品種。

心得欄 ------------------------------

21

餐飲的產品經營策略

餐飲產品與服務的組合策略主要有以下幾種：

1. 擴大或縮小經營範圍

擴大經營範圍的策略，指擴大產品與服務組合的廣度，以便在更大的市場領域發揮作用，增加經濟效益和利潤，並且分散投資危險。

縮小經營範圍的策略，指縮減產品和服務項目，取消低利潤產品和服務項目，從經營較少的產品和服務中獲得較高利潤。

企業是採用擴大經營範圍，還是縮小經營範圍的策略，往往取決於餐飲企業管理人員的經營思想。有些管理者主張，發揮企業的潛力多開闢經營服務項目，以增加營業額。例如，開設廣東早茶、晚場戲劇或電影結束後的夜宵、西點外賣等項目；或是將娛樂寓於飲食，從而推出演藝酒吧、伴唱餐廳、充實文藝節目的聚餐會等；也有的增設房內用餐、房內酒吧等服務項目，或者在餐廳開闢富於民族特色的旅遊紀念品及餐具、菜譜小冊子等的銷售櫃檯。

也有一些管理者認為，企業利用自己的優勢，提供既是市場需求，又是本企業所擅長的產品和服務，將是增強競爭力的策略。例如，有些餐廳以中國川菜為拳頭產品，營造出四川風土人情的環境佈置，配以特色餐具及服務方式，以此來吸引遠道而來的國際遊

客，並創造出享譽四方的名聲。

2.「高檔」或「低檔」產品與服務策略

所謂「高檔」產品與服務組合策略，就是在現有產品的基礎上，增加高檔高價的產品與服務。例如，在菜單上增設高檔菜餚；開闢古玩擺設空間；附帶庭園及衣帽間；放置伴奏鋼琴等。這樣，逐步改變餐廳僅供應低檔產品的形象，使消費者更樂意來此用餐。企業一方面增加了現有低檔產品的銷售量，同時又進入高檔產品與服務市場。

所謂「低檔」產品與服務組合策略，就是在高價的產品與服務中增加廉價的產品與服務。採用這種策略的原因有：

⑴企業面臨著「高檔」策略企業的挑戰，從而決定發展低檔產品來應戰，以增強競爭力。

⑵企業發現高檔產品市場發展緩慢，因而決定發展低檔產品，以適應市場需求，增加營業額和利潤。

⑶企業希望利用高檔產品與服務的聲譽，先向市場提供高檔產品與服務，然後發展低檔產品與服務，以便適合「低檔」產品與服務的客人，從而擴大銷售範圍和領域。

⑷企業發現市場上沒有某種低檔的產品與服務，通過填補空缺，擴大銷售量。

例如，美國馬里奧特飯店公司，建造了一批中等價格的飯店，餐廳設施以小咖啡廳為主，不提供客房用膳。該公司利用已有的聲譽，使低檔的產品與服務獲得成功的銷售。

上述兩種策略均有風險。或是「高檔」不很容易受到消費者相信，可是「低檔」可能會影響原有高檔產品與服務的形象。餐飲管

理者要切實分析本企業的市場地位和市場變化情況及企業實力，以便有的放矢、恰如其分地推行相應的策略。

3. 產品與服務的差異化策略

產品與服務的差異化策略是指餐飲企業在激烈的市場競爭中不斷開發與提供新產品、新服務，強調自己的產品與服務不同於競爭者，優於競爭者，進而使就餐客人偏愛自己的產品與服務。例如，具有相當規模停車場的餐館；城市中惟一的香檳酒吧；由著名粵菜廚師掌勺烹飪的酒樓；由一批特選的「小矮子」充當服務員的餐廳，等等。

產品與服務差異化策略的理論基礎是客人的愛好、願望、心理活動、收入、地位等方面存在差別，因此產品與服務也必須有所差別。如果企業要在市場上獲得生存和發展，就必須使自己的產品與競爭者的產品有所差別，向客人提供更多利益和享受，並不斷努力，保持和擴大這種差異，力求在競爭中立於不敗之地。

4. 發展新產品策略

餐飲企業應根據市場需求的變化，隨著客人愛好、市場競爭等方面的變化，為目標市場提供新產品和新服務。這是企業制定最佳產品策略的重要途徑之一，也是企業具有活力的重要表現。

餐飲企業的經理可以經常「改動」產品，有的是小改，有的是大改。例如：

⑴更新裝潢，調換餐具和桌、椅；

⑵組織專題週和食品節以及各種文娛活動；

⑶更換人員服飾；

⑷菜單多樣化，烹飪靈活化；

⑸調整價格，按質論價和按需論價；

⑹散發新的宣傳品、紀念品；

⑺改善服務，不斷修改服務項目，提高人員的素質；

⑻最大限度地保證服務品質。

此外，餐廳要利用每年一度的喜慶佳節，如國慶日、狂歡節、情人節、耶誕節、母親節、兒童節等，或重大的社會活動、文藝活動、體育比賽等時機，隆重推出不同凡響的特種菜單，以及超群奪魁的烹飪大師的技藝和適應各種活動的服務項目，作為實施新產品策略的良機和妙策。

心得欄 _____

_____

_____

_____

_____

_____

22

餐館產品定價

　　餐館產品定價對於餐館財務管理來說意義重大。不同的產品定價策略將導致餐館現金流、毛利率和利潤率等財務指標的變化。因而餐飲經營者在制定餐飲市場產品價格體系及政策時，必須考慮多方面的相關因素，以保證餐館盈利水準和綜合效益的統一。

　　在著手制定具體的價格政策之前，餐飲經營者必須首先明確他們想讓特定的餐飲產品實現一種怎樣的定價目標。餐館對所要實現的經營目標越清晰，那麼就越容易制定出適當、合理的餐飲產品價格。任何一個餐館，一般都希望透過定價策略能夠達到如下目標，即生存、最大當前利潤、最高當期收入、最大銷售增長與產品品質領先。

　　以長期眼光來看，餐館一味地以犧牲利潤為代價來維持餐館的生存是不明智的，這樣做勢必導致餐館面臨更加窘迫的境地，甚至會面臨破產的局面。因為低價傾銷極有可能招到同行業競爭對手的強烈反擊，這些反擊可能會迫使餐館繼續降低其產品銷售價格，甚至極有可能引發大範圍、大規模的惡性價格競爭，使餐館陷入更加險惡和不利的經營環境。因此，餐飲經營者必須重點考慮在這種情況下如何加強餐館自身的造血機能，即怎樣增加價值。

　　餐館經營者透過細分市場，選擇適合本餐館的目標市場，在此

基礎上，調查和預測目標市場和需求總量以及餐館為了滿足這些需求所必須付出的成本，最後根據這些數據選擇出一個價格，並希望這個價格能夠為餐館帶來最大的當期利潤。

餐館若持有最高收入將會導致利潤的最大化和市場佔有率的增長，則往往將定價目標設定為獲得最高銷售收入。

若餐館以銷售額最大增長量作為定價目標則是主張：銷售額越高則單位成本越低，因此長期利潤就越高。實現這一定價目標的前提是市場對價格十分敏感，以很低的價格迅速滲透市場獲得較大的市場佔有率。因此這種方式又稱為滲透定位。

一般情況下，市場需求和產品價格是一種近似成反比的關係，即價格越高，需求越低；當價格下滑時，需求將會上升。

餐館經營者在制定本餐館餐飲產品價格策略時，應首先弄清楚有那些因素影響著目標賓客的價格敏感程度，這一步是十分關鍵的，它直接決定著價格策略的科學性和可執行程度。

需求的價格彈性是指相對於價格的變化，市場需求變化量的大小。如果這種變化極小，則表示需求無彈性；而如果需求變化量相當大，則說明市場需求是彈性的。

廣義上講，任何一種需求都具有一定的彈性，只是彈性大小不同而已，在下列條件作用下，市場需求彈性將會很小。

①沒有競爭對手或競爭對手極少，市場上的替代產品極少。

②賓客對價格的敏感程度較低。

③賓客無意改變其購買習慣。

④賓客認可用於產品服務品質提高、正常的物價上漲等因素，產品維持較高的價格是正常和可以承受的。

如果需求在很大程度上成為餐館制定其產品價格的最高限度，那麼餐飲的成本則是產品價格的最低限度。餐館所制定的產品價格應包括其所有生產、銷售該產品的成本，以及對餐飲所做的努力和承擔的經營風險的一個合理的報酬。

例如，如果餐館所提供的產品與其主要競爭對手所提供的產品相似，那麼產品的價格可以與其相似或略低；如果餐館所提供的產品次於競爭對手，那麼就應當考慮在定價上略低於競爭對手的產品價格；如果餐館產品優於競爭對手，且成本低於對方，那麼餐館完全可以在高於、持平或低於競爭對手產品價格這 3 種定價策略中根據自身經營目標和需要進行選擇。

1. 選擇定價方法

一般而言，餐飲產品的成本規定了其價格的最低限度，即下限或底限，競爭對手的同類產品的價格是餐飲產品價格的參照點，而餐飲產品相對於競爭對手的同類產品所體現出來的獨特性則是其價格的最高限度，即上限。也就是說，成本、競爭對手同類產品價格及產品的獨特性是制定餐飲產品價格時應重點考慮的因素。

現在較常用和流行的定價方法主要有成本加成定價法、目標利潤定價法、認知價值定價法、價值定價法、通行價格定價法等。

(1)成本加成定價法

這是一種最基本的定價方法，同時也是一種被廣泛採用的定價方法，它的一般做法是在產品的成本之上加一個固定的利潤率形成最終的產品價格。

使用成本加成定價法必須首先明確變動成本、固定成本與預期利潤率。

在明確了上述預計單位銷售量 3 個變數之後計算產品的單位成本，公式為：

單位成本＝變動成本＋（固定成本/單位銷售量）

計算出單位成本之後，再計算最終的加成價格，公式為：

加成價格＝單位成本/（1－預期利潤率）

成本加成定價法對於餐館的經營者來說雖然簡單易行，但這種方法本身卻存在一個致命的缺陷，即忽視當前的市場需求和競爭關係。嚴格地講，任何沒有考慮到市場需求的定價方法都不大可能制定出一個最合理的價格。儘管如此，成本加成定價法仍有其現實的意義。尤其當需求的價格彈性相對較小時，這種定價方法仍然是可行的。

⑵目標利潤定價法

目標利潤定價法也是一種面向成本的定價方法。目標利潤價格的公式為：

目標利潤價格＝單位成本＋（目標利潤率投資成本）/銷售量

目標利潤定價法沒有對價格彈性和競爭對手的價格這兩個影響因素加以考慮。一旦這兩個影響因素出現較大幅度的變化，採用目標利潤定價法所制定的價格將難以實現。

⑶認知價值定價法

認知價值定價法的理論基礎是定價的關鍵不在於賣方的成本，而是買方對價值的認知。這種方法透過市場行銷組合中非價格變數在賓客心目中建立起來的認知價值來確定產品價格。

認知價值定價法與現代餐館產品定位能夠很好地對應起來。應該說，採用認知價值定價法制定餐飲價格是與餐飲設計、開發新產

品的工作同步進行的,即餐館首先明確其希望服務的市場,根據市場需求設計、開發產品,與此同時,估計產品的投資與生產成本,如果制定的價格能夠獲得令人滿意的利潤,則該產品構思可以實施。

⑷價值定價法

價值定價法的定價原則是以相對較低的價格出售高品質的產品,價格應該代表了餐館向賓客提供高價值的產品。

價值定價並非簡單地將某一產品的價格定在低於競爭對手的價格水平線之下。採用這種方法需要以價格為起點,逆向分析、設計整個生產過程,以便真正降低生產成本而不犧牲產品品質。

⑸通行價格定價法

採用通行價格定價法所制定的價格主要基於競爭對手的價格而較少注意自己的成本或市場需求。

當測算成本有困難,或者競爭對手不確定時,這種方法是解決定價問題的一種有效途徑。如果在局部區域大家都使用這種定價方法,那麼由此制定出的價格將可以產生一種公平的回報,並且不會打亂行業間的協調。

2.選定最終價格

透過上述定價方法,餐飲經營者往往只能選擇出一個合適的價格範圍而不是某一個具體數值。在最終確定某一具體價格時,還必須考慮一些附加因素。

⑴價格對賓客購買心理的影響

許多賓客將價格作為衡量產品品質的一種指標,這種賓客常常願意為追求高品質產品而承擔較高的價格;有一些賓客在購買前總

愛拿目前的市場價格、過去的價格、對環境的感覺等作為參照價格，並以此來判斷產品價格的合理性；另外，賓客還有可能根據其對產品性能的理解、購買習慣、購買預算等對產品價格做出反應。

(2)其他行銷因素對價格的影響

根據調查顯示，在相對價格、相對品質和相對產品之間存在如下關係。

①相對於競爭對手，產品品質一般但具有高廣告預算的產品能產生高價，因為賓客願意購買知名的產品。

②與競爭對手相比，具有較高產品品質水準和較高廣告支出的產品能夠產生高價格。

③對市場領導者和對低成長產品而言，在產品生產週期的最後階段，高價與高廣告費之間的正比關係保持得最強烈。

(3)其他因素的影響

①價格法規限制和政府干預的程度。

②競爭對手對價格的反應。

③銷售管道對價格的感覺。

23
菜單定價有學問

1.尾數定價策略

這類策略是針對餐飲消費者追求價廉物美的消費心理。對於大部份的餐飲消費者來說，都希望買到物美價廉、經濟實惠又合口味的食品。尤其是對收入水準較低的餐飲消費者來說，這種心理顯得更加強烈。而尾數定價策略就是給餐飲產品制定出一個比較低的價格，這樣可以使顧客產生一種產品價格低廉的印象，並使顧客感覺到餐館定價認真負責，較為精確。

人們在購買餐飲產品時，往往會產生一種心理錯覺，誤認為單數比雙數小，帶有小數點的數比整數小，同時認為帶有小數點的價格是經過精心測算後制定的。如餐飲產品定價為 9.5 元，比定價10 元的銷路更好；再如一種菜肴定價 99 元，給餐飲消費者的感覺是不到 100 元的價格；而標價 101 元，則給餐飲消費者的感覺是100 多元的東西了。雖然只差了 2 元錢，可是在顧客的心裏卻差了一個等級。

2.整數定價策略

這類策略是針對顧客認同高價的消費心理。隨著經濟的不斷發展和人們消費水準的日漸提高，一些商務客人以及較富有的餐飲消費者，他們到餐廳消費時，更加追求身份地位的體現。他們需要以

較高的價格滿足自己的精神需求，體現自己的身價。同時，他們對餐飲產品還會產生「高價高質」的印象。所以，有時同樣的餐飲產品，標價低了賣不出去，高了反倒容易銷售。他們認為價格是品質的保證，菜肴因名貴而價高。他們更加重視菜肴的精緻名貴，品質優良。

3. 分級定價策略

分級定價策略是指餐飲產品按檔次分為幾級，每級分別定價，以滿足不同層次的消費者需求。高檔產品可以滿足高消費顧客的需求，低檔產品也不至於將低消費顧客排除在外。餐飲消費者可以按需選購，各得其所。

4. 聲望定價策略

聲望定價策略是指餐館對一些在消費者心目中有良好信譽的產品制定較高的價格。高價格一般代表產品的聲望，而這種有著高聲望的高價餐飲產品與餐館形象聯繫非常緊密。這類餐飲產品，即使餐飲成本下降也不必輕易降價，價格也不要頻繁調整，因為降價會損害餐館的形象。採用此種策略，首先要進行詳細的市場調查，考察消費者的消費實力，研究市場所能接受的最高價格限度等。餐館所設置的產品價格不宜超過消費者可接受的最高價格，否則可能會引起產品需求量的減少。同時，一定要保證此類餐飲產品的品質，做到質價相符。

5. 招徠定價策略

招徠定價策略是餐館暫時將少數幾種產品減價，以吸引消費者，招徠生意的一種策略。像目前有些餐館推出的每日一款特價菜就是為了吸引顧客在購買特價菜的同時購買其他餐飲產品。

24

餐飲業的開業促銷計劃

1.開業前第 15 週

餐館經理到位後，與裝修工程承包商聯繫，餐館經理必須建立這種溝通管道，以便日後發現問題及時聯絡。

2.開業前第 14 週至第 11 週

⑴參與選擇制服的用料和式樣；

⑵瞭解餐館的營業項目、餐位數等；

⑶瞭解餐館其他配套設施的配置；

⑷熟悉餐館所有區域的設計藍圖並實地察看；

⑸瞭解有關的訂單與現有財產的清單；

⑹瞭解所有已經落實的訂單，補充尚未落實的訂單；

⑺確保所有訂購物品都能在開業一個月前到位，並與經理及相關部門商定開業前主要物品的儲存與控制方法，建立訂貨的驗收、入庫與查詢的工作程序；

⑻檢查是否有必需的設備、服務設施被遺漏，在補全的同時，要確保開支不超出預算；

⑼確定組織結構、人員定編、運作模式；

⑽確定餐館經營的主菜系；

⑾編印崗位職務說明書、工作流程、工作標準、管理制度、運

轉表格等；

⑿落實員工招聘事宜。

3. 開業前第 10 週至第 9 週

⑴按照餐館的設計要求，確定餐館各區域的佈置；

⑵制定餐館的物品庫存等一系列標準和制度；

⑶制訂餐館工作鑰匙的使用和管理計劃；

⑷制定餐館的衛生、安全管理制度；

⑸制定清潔劑等化學藥品的領發和使用程序；

⑹制定餐館設施、設備的檢查、報修程序；

⑺建立餐館品質管理制度；

⑻制訂開業前員工培訓計劃。

4. 開業前第 8 週至第 7 週

⑴審查後勤組洗碗機等設計方案、審查廚房設備方案；

⑵與清潔用品供應商聯繫，使其至少能在開業前一個月將所有必需品供應到位；

⑶準備一份餐館檢查驗收單，以供驗收時使用；

⑷核定餐館員工的薪資報酬及福利待遇；

⑸核定所有餐具、茶具、服務用品、布草、清潔用品、服務設施等物品的配備；

⑹實施開業前員工培訓計劃；

⑺商定員工食堂的運營方案。

5. 開業前第 6 週

⑴展開原材料市場調查分析；制定原料供應方案和程序；

⑵與廚師長一起著手制定菜單，菜單的制定是對餐館整體經營

思路的體現，也是餐廳出品檔次的體現，要經過反覆討論，基本方案制定好後報餐館經理。菜單設計程序：明確當地的飲食習慣（依據市場調查分析報告）；經營思路的目標客戶群；原料供應方案；廚師隊伍的實力；綜合制定菜單；印刷，要求開業一週前印刷品到位；

(3)確定灑水、飲料的供應方案；與財務負責人一起合理定價，報餐館經理；

(4)各種印刷品如筷套、牙籤套、灑水單等設計印刷；

(5)與財務負責人聯繫制訂結帳程序並安排 2 個課時以上的培訓；

(6)邀請財務負責人予以財務管理制定培訓；

(7)與保安及車場管理負責人制訂安全管理制度；

(8)與布草商制訂布草送洗程序；

(9)與餐館廳面主管建立回饋程序；

(10)與銷售負責人聯繫建立宴席工作程序；

(11)建立餐館文檔管理程序；

(12)繼續實施員工培訓計劃，對餐館服務基本功進行測試，不合格的要強化訓練。

6. 開業前第 5 週

(1)與財務負責人溝通合作，根據預計的需求量，建立一套布件、餐具、酒水等客用品的總庫存標準；

(2)核定所有餐館設施的交付、接收日期；

(3)準備足夠的用品，供開業前清潔使用；

(4)確定各庫房物品存放標準；

(5)確保餐館物品按規範和標準上架存放;

(6)與餐館經理及相關部門一起重新審定傢俱、設備的數量和品質,做出確認和修改;

(7)與財務負責人一起準備一份詳細的貨物儲存與控制程序,以確保開業前各項開支的準確、可靠、合理;

(8)繼續實施員工培訓計劃。

7. 開業前第 4 週

(1)與工程負責人一起全面核實廚房設備安裝到位情況;

(2)正式確定餐館的組織機構;

(3)協同廳面主管、後廚負責人確定營業時間;

(4)對餐館各營業區域餐位進行全面統計;

(5)根據工作和其他規格要求,制定出人員分配方案;

(6)按清單與工程負責人一起驗收,驗收重點:裝修、設備用品採購、人員配置、衛生工作;

(7)擬訂餐館消費的相關規定;

(8)編制餐館基本情況表;

(9)著手準備餐館的第一次清潔工作(招收專業人員或臨時工)。

8. 開業前第 3 週

(1)全面清理餐館區域,進入類比營業狀態;

(2)廚房設備調試;

(3)主菜單樣品菜的標準化工作;

(4)準備模仿開業的籌備工作:確定類比開業的時間,明確類比開業的目的,召開餐館全體工作人員會議,強調模仿開業的重要性。

· 初級階段

①前 12 天熟悉環境。服務員進入場地，熟悉餐館整體環境，要給服務員十分充足的時間。廚師進場後，要對設備熟練使用。

②前 11 天熟悉台位。對餐館佈局、服務流程、上菜流程等須熟練掌握。

③前 10 天熟悉菜單。模仿點菜、迎賓等環節。廚房演練叫菜、出菜。

④前 9 天熟悉就餐。熟悉就餐的一系列工作。

· 提高階段

①前 8 天流程演練。在進一步熟悉的基礎上，提高效率。

②前 7～6 天特殊情況處理。加強協調能力的培訓。

· 熟悉階段

前 5～2 天熟練操作。完全掌握擺台、上菜、服務等各個環節。熟悉鞏固。

· 籌備開業

前 1 天全面籌備開業。模仿開業階段，要按正常運作召開班前例會，擺台、清理等；並在每次模仿後召開分析會，並形成會議紀要，形成評估結果並指導順利開業。

25

餐飲業的人員推銷

餐館中的每一個人都是潛在的推銷員，包括餐館經理、廚師、服務人員以及賓客，有效地發揮這些潛在推銷員的作用同樣會給餐館帶來利潤。

1. 餐館經理

有一位國外的餐館經理這樣說過：「我們餐館的總經理、銷售部經理和我，每天從 12 點到下午 1 點都站在餐廳的大廳和門口，問候每一位賓客，同他們握手。我們希望以此贏得更多的生意。」如果你的餐館經理也能夠採用這種辦法，就會讓賓客感到自己被重視、被尊重了，就會樂意來你的餐館就餐。

不要輕視經理的名片。經理不管在什麼地方，甚至在社交場合，對遇見的每個人，特別是接待員和秘書要非常禮貌，面帶微笑但不過分地一邊向潛在賓客作自我介紹，一邊遞上名片。這樣，潛在賓客就能清楚地知道你的名字和你所屬的餐館。在下次選擇餐館就餐時，你的餐館不能說是沒有希望的。

2. 廚師

利用廚師的名氣來宣傳推銷，也會吸引來一批賓客。對重要賓客，廚師可以親自端送自己的特色菜肴，並對原料及烹製過程做簡短介紹。有許多餐館把廚師推出的每週每天的特色菜肴牌懸掛於餐

館大門口，這樣能吸引不少客源。

3. 服務人員

　　鼓勵登門的賓客最大限度地消費，這重擔主要落在服務員身上。服務員除了提供優質服務外，還得誘導賓客進行消費。其中，服務人員對賓客口頭建議式推銷是最有效的。但是有些口頭建議不起作用，如「要不要瓶酒來佐餐？」而另一些則具有良好的效果，如「我們自製的白葡萄酒味道很好，剛好配您點的魚片」。可見，服務人員的推銷語言對推銷效果起著至關重要的作用，要培訓所有服務人員(尤其點菜員)掌握語言的技巧，用建議式的語言來推銷自己的產品和服務。

心得欄 _____

_____

_____

_____

_____

_____

26

怎樣策劃餐飲業促銷

一、選擇促銷契機

選擇什麼時機進行促銷，這是值得考究的問題。如果時機選擇不好，會「吃力不討好」，甚至會浪費資源。

以本企業自身發展需要為契機。餐廳開業，這是搞促銷的好時機，可以利用餐廳開業之際，大做文章，以造成聲勢，從而迅速擴大影響，樹立餐廳的市場形象。

當餐廳生產比較穩定時，可以搞些促銷活動，使餐廳在顧客心目中保持「常吃常新」的形象。在餐廳生意慘澹時，可以利用有效的促銷活動使餐廳生意「起死回生」。在餐廳轉換投資者、或轉換經營者、或轉換行政總廚時，可以策劃促銷活動藉以轉移顧客的注意力，減少負面影響。

以各種有影響的節日為契機。各種節假日是餐飲機構進行促銷的大好時機，也是餐飲經營的空破口。對傳統節日（如春節、中秋節等），餐飲機構可進行促銷，對一些現代逐漸流行的西方節日（如耶誕節、父親節、母親節等），可進行套餐、表演等內容的促銷。利用節日進行各類促銷活動已經成為餐飲經營的慣例。

以本店有影響的活動為契機。有時餐飲機構為了宣傳、擴大自

身的知名度，也會找出一些事由來借題發揮，如開業週年紀念、接待某著名運動員、政客、明星等，利用這些活動進行相應的促銷能夠引起轟動效應。

以國內外重大比賽為契機。這種選擇一般是國內外比較關注的重大事件，又以比較輕鬆自如的文娛、體育活動為主。如奧運會、亞運會、世界盃足球賽等，選擇這些國內外客人都比較關心的重大比賽為契機，可以為客人提供聚會交談的場所。例如，在世界盃足球賽的日子裏，就可以搞一些與此有關的品種促銷和竟猜活動，以促進銷售經營。

二、分析客源

餐飲管理者必須知道，好的主意隨時是可以有的，但主意要變成行動、變成一種績效卻沒有那麼容易了。任何促銷活動都與客源市場息息相關，因此管理者要徹底分析客源市場狀況，才能進行有效的促銷活動。

分析客源一般要考慮如下問題。

誰是顧客？這是分析客源的問題。絕大部份餐飲機構管理者都應該清楚自己的市場定位，因此要回答這個問題應該不是很困難的事情。

顧客需要滿足的是什麼？這實際上就是滿足需求的問題。隨著生活水準和品質的提高、旅遊業的發展、商務往來的頻繁、家庭勞務逐漸社會化，人們從溫飽型向享受型過渡，從單一的追求「口味」轉向追求多層面的「味外之味」，如方便、舒適、體面、享受，在

客觀上培育出一大批現實的飲食需求。

　　創造需求就是在食品、服務和情調方面重新組合和演繹形成一種新的經營方式和經營理念，或是在食品中變換出新花樣，或在價格上創造出更多的誘惑力，或是在服務項目和品質上更上一層樓，或是在情調中演繹出「新意思」，或是在品牌、廣告上創造出與眾不同的品味等。創造需求就是誘導消費，只要你的新品種能夠為顧客接受並喜愛，只要你的價格促銷能夠讓顧客感到滿意，只要你的服務項目和品質能夠得到顧客的認可，只要你的情調能夠變換出新花樣，只要你的廣告能夠激發顧客新的消費需求，那麼就等於創造了市場，就等於提高了市場佔有率，就等於贏得了某種競爭優勢。

　　因此，可以這樣說，21 世紀的餐飲業不是沒有生意做的問題，而是怎樣做生意的問題。

三、瞭解自己

　　瞭解自己就是對本餐廳的狀況做出客觀的評估。

　　每個餐飲管理者都可以想出很多富有創意的促銷主意，但是，誰也不能忽視：在特定的經營時期內，在特定的烹調水準上，在特定的餐廳環境中，在有限的資源利用上，管理者能夠做什麼？

　　你的烹調水準能夠做什麼？餐飲業的所有促銷都離不開品種這個主題，所以管理者必須考慮，出品部門的烹調水準是怎麼樣的？例如，要搞「冰鎮系列」品種促銷(如白鱔、大芥菜等)，你就要考慮：你的廚師能否真正領會「冰鎮」的妙處，能否真正做到(特別是在大量供應的情況下)你所要求的品質水準。瞭解這一點很重

要,因為如果出品水準不能保證的話,其促銷效果很容易適得其反。

你的餐廳環境可以做什麼?例如要設立一個展示台,它擺在哪里?怎樣擺法?例如要將某個品種的最後烹調拿到調車上做(即粵語「堂做」),那麼會有什麼影響?油煙怎樣處理?例如要進行時裝表演,你的餐廳是否具備了相應的條件(如 T 型舞台、燈光、音響)等等。實際上,餐廳的空間資源是有限的,要進行某個促銷活動,就必須要考慮餐廳資源的配置和利用問題。

你有多少錢可以用?這也許是最關鍵的。印刷宣傳品需要錢,做廣告需要錢,裝飾一個耶誕節氣氛當然也要用錢,就算是設計一個展示台,也需要錢。所以,你只能「看菜吃飯」,因此,精明的管理者通常是以充分利用現有的資源辦實事、辦好事,或者是想出足夠的理由和完善的促銷方案去說服投資者。

四、包裝促銷主題

促銷的主題至關重要,它決定了整個促銷活動以市場的吸引力,也是宣傳廣告、餐廳裝飾、服務形式、銷售方式的中心內容。

選用什麼樣的主題,取決於促銷的目的和目標市場的承受能力。任何促銷主題的包裝,要考慮目標市場的「口味」和特點,要考慮訴注於市場的表達方式,要將其促銷內容及「買點」突顯出來。

例如要進行龍蝦促銷,其內容是降價銷售,但在促銷主題的確定上,可包裝為「龍蝦風暴」,或美其名叫「震撼價格」、「驚喜售價」等;某餐廳進行「濃湯大碗翅」促銷,可在「濃」字上做文章,如「濃情濃意濃味」;某餐廳進行傳統品種促銷,其促銷主題包裝

為「陳舊的，就是溫暖的……」，顯示出深厚的文化底蘊：……

促銷主題的包裝要講究創意，沒有創意的促銷包裝是難以有吸引力的。表 26-1 是促銷安排的一個實例。

表 26-1　全年促銷安排(供參考)

月份	促銷內容	月份	促銷內容
1 月份	春節團圓飯	7 月份	夏日水果美食
2 月份	野菌美食	8 月份	繽紛夏日冰涼食品
3 月份	東南亞美食	9 月份	中秋節團圓飯
4 月份	田基美食	10 月份	羊肉火鍋
5 月份	勞工節　端午節　粽子美食	11 月份	潮州美食
6 月份	淮揚點心品嘗	12 月份	耶誕節情人套餐，元旦迎新套餐

五、選擇促銷形式

餐飲促銷形式可以多種多樣的，而且不斷地推陳出新，歸納起來，有特別介紹、主題美食、優惠促銷等。

1. 大廚介紹

首當其衝的是大廚特別介紹。這是最常見的，幾乎每個中高檔以上的餐飲店都在使用這種方法。

它以靈活多變、週期短、成本低而深受業內人士喜愛。大廚特別介紹的形式是靈活多樣的，可以是 10 個品種，也可以是 15 個品種，取決於餐廳促銷的需要，許多新品種的試銷都是採取這種方式進行的。這種方式可以是 1 個月為一期，也可以是 20 天為一個週

期，在很多餐飲機構內，大廚特別介紹是定期（一般是 1 個月為限）推出，以保持「常吃常新」的形象。只要行政總廚裏想出了品種，經營業部核價，做出一個台卡和 POP，就可以「出街」了（與顧客見面），其製作成本低廉，花費不大，又具有很好的促銷效果，是很多餐飲管理者鍾情的促銷形式。

2. 優惠價

這是指對經常光顧的顧客、其他重要顧客或淡季光顧的顧客，採取優惠的價格。有時為了招徠顧客，通過廣告或郵寄發送「優惠券」，也屬於優惠價的性質。目的都是鼓勵顧客儘早購買和吸引顧客重覆購買，從而迅速增加銷量。

3. 贈送禮品

在一定時期內，餐廳向住店的顧客贈送紀念品、節日禮品、生日蛋糕等以及提供一些免費服務，如免費品嘗試產的特色風味菜餚等。這種方式可使顧客增加對本企業的信任和好感，達到促銷的目的。

4. 印製小冊子

許多餐飲企業都會採用一種特殊紙張，大量印刷有文字說明及圖片介紹的小冊子。在小冊子上印有本企業較完備的資料，如本餐廳的特色菜品、服務項目、價格等。企業通過各種途徑將小冊子散發給廣大顧客，目的是向他們提供有關資料，使他們相信本企業的設備和服務是最好的。

5. 印花贈券

這是指在一定時期內餐飲企業對於購買本企業產品的顧客給予印花贈券，顧客購買得越多，手中集中的印花也越多。當積攢到

一定數量時,就可以得到一件產品或一次服務。國際上,有許多企業都不定期地開展這,均可在店內享受一段時間的免費服務。這種方式可吸引顧客多次購買產品。

此外,如臨時減價、抽獎摸彩等都可成為銷售推廣的活動。餐飲企業應根據實際情況靈活運用銷售推廣策略,同時要有效的制定銷售推廣的規模、期限、時間,參加的條件等,從而取得最好的促銷效果。

6.累計折扣

累計折扣應用於多次性消費。對於餐飲消費者來說,累計折扣更具有吸引力;對於餐飲企業來說,累計折扣可使消費者重覆、多次購買本企業的產品,更具有促銷的作用。

消費金額累計折扣是指當消費者累計消費餐飲產品的金額達到餐飲企業規定的要求時,消費者就可得到某種折扣優惠。消費金額越多,折扣也就越大,以鼓勵並刺激消費者重覆消費本企業的餐飲產品。如某餐飲企業規定:凡累計消費 1000 元以上者,將給予5%的折扣優惠;2000 元以上者將給予 10%的折扣優惠,等等。

某家菜館位於市中心,週圍有許多政府機關和企業單位、公司等,為吸引這些單位經常光顧就餐,在年初即派公關銷售人員上門推銷,並承諾在該菜館每累計消費 5000 元,即贈送 500 元的餐飲消費券。這一累計消費優惠活動開展以後,每當附近的公司及其他單位有客戶需要宴請時,均會光臨該菜館,使菜館的營業額始終創新高。在年終,該菜館舉辦常客聯誼活動,除贈送紀念品外,還虛心聽取顧客對菜館的菜餚、服務等方面的意見和要求,因此,其生意一直欣欣向榮。

7.優惠時段

餐飲經營的特點之一是餐飲消費受就餐時間的限制。因此,餐飲企業為擴大餐飲銷售,通常會在營業的非高峰期間給予消費者以消費折扣優惠,這在星級飯店的咖啡廳、酒吧等處特別常見。

如某星級餐廳的酒吧規定,凡在下午 2 時至 6 時來酒吧消費的客人,均可得到「買一贈一」的折扣優惠,即在規定時段內,客人消費一份飲品,酒吧就贈送一份同樣的飲品,這就是大多數酒吧經常推出的半價銷售的「快樂時光」(Happy Hour)活動。

又如某餐飲企業的午餐營業高峰是在中午 12 時至下午 1 時,為使客人提前就餐以減少企業高峰時段的經營壓力,並增加客源的總量,該企業規定:凡在 11：45 前結帳的客人將得到 5%的折扣優惠。

某地一家二星級飯店的餐廳規模不大,但以優美的環境、適口的菜餚和良好的服務而在當地有良好的口碑,其午餐的營業高峰時間為 11：30～12：30。為平衡客源流量,該飯店在餐廳門口以告示的方式推出優惠消費活動:凡在 11：30 以前結帳的客人及在 12：30 後進餐廳就餐的客人人均可享受 10%的折扣,結果使許多客人在非營業高峰時間前來就餐,餐廳的總體營業額及利潤比以前有較大幅度的增長。

8.特價招徠策略

餐飲企業在某些節日或營業淡季時,特別降低某種餐飲產品的價格,以更多地招徠消費者。這是許多餐飲企業在先階段採取的一種定價策略。如某餐飲企業在營業淡季時,推出鱸魚 10 元 1 條或基圍蝦 15 元 1kg 等,以吸引客人前來消費。餐飲企業在採用這種

策略時，應與相應的廣告宣傳活動相配合，通過提高總的餐飲產品的銷售量來降低食品成本，從而增加利潤額。

　　某市的消費者愛好吃螃蟹，因此，某大型餐飲企業便在秋季推出螃蟹特價促銷活動，該餐飲企業的廣告為：凡來本餐廳就餐的前 20 名客人均可享用 10 元 1 隻螃蟹（按消費者人數計算）。廣告一經推出，該餐廳便門庭若市。

六、寫出計劃

　　從操作角度說，任何促銷活動的實現都是從計劃開始的。管理者必須根據你的構想寫出一份有說服力、有條理的促銷計劃。

　　促銷計劃的要素如下：

　　1.促銷主題和目的；

　　2.促銷推廣日期；

　　3.促銷地點和時間；

　　4.促銷品種設計；

　　5.廣告宣傳策劃；

　　6.餐廳裝飾要求；

　　7.餐廳培訓要求；

　　8.跟進；

　　9.促銷預算和收益評估；

　　10.注意問題。

27

餐飲業的節日推銷

餐館面臨的最大問題,往往就是客源不足。

作為一個剛進入市場的新餐館,如何快速推廣,讓更多的人知道餐館的存在,前來光顧,快速聚攏人氣,贏得消費者的認可和喜愛,佔領市場一席之地,是擺在每一個餐館經營者面前的問題。現在有許多中小餐館在開業當天,會請一些演唱班子,靠現場演唱和低價策略來吸引賓客,這固然是一種頗有效果的促銷方式,能夠吸引人氣,但有的時候也會給許多賓客帶來一種噪音污染,使賓客不勝其煩。

完成餐館推廣是一個完整的,需要多方面配合、協調、襯托的整體過程。其中「促銷」就是方案其中的一種重要手段。下面介紹幾種中小餐館常見的開業促銷方式。

節日推銷是要抓住各種機會甚至創造機會吸引賓客購買,以增加銷量。各種節日是難得的推銷時機,餐館一般每年都要做自己的推銷計劃,尤其是節日推銷計劃,使節日的推銷活動生動活潑,有創意,取得較好的推銷效果。但餐館一定要結合自身的檔次有選擇性地進行節日推銷。

(1)春節

這是傳統節日,也是讓過年的外賓領略民族文化的節日。利用

這個節日，中小餐館可以針對性地推銷傳統的餃子宴、湯圓宴，特別推廣年糕、餃子等等。同時舉辦守歲、喝春酒、謝神、戲曲表演等活動，豐富春節生活，用生肖象徵動物拜年來渲染氣氛。中小餐館在推銷時，可以考慮以團圓宴為主，並且提前向賓客開展預訂，推出各種預訂優惠活動。

(2)元宵節

農曆正月十五，中小餐館可以結合自己的實力，在店內店外組織賓客看花燈、猜燈謎、舞獅子、踩高蹺、劃旱船、扭秧歌等，舉辦慶祝活動，可特別推銷各式元宵。另外，傳統節日還有很多，如清明節、中秋節、七夕——中國情人節、端午節、重陽節等等，只要精心設計，認真加以挖掘，就能有創意的推銷活動。

(3)耶誕節

12 月 25 日，是西方第一大節日，人們穿著盛裝，互贈禮品，盡情享受節日美餐。在餐館裏，一般都佈置聖誕樹和小鹿，有聖誕老人贈送禮品。這個節日是餐館特別是西餐廳進行推銷的大好時機，一般都以聖誕自助餐、套餐的形式招徠賓客，推出聖誕特選菜肴：火雞、聖誕蛋糕、李子布丁、碎肉餅等，組織各種慶祝活動，唱聖誕歌，舉辦化裝舞會，抽獎活動等。聖誕活動可持續幾天，餐館還可用外賣的形式推銷聖誕餐，擴大銷量。

(4)情人節

2 月 14 日，這是西方一個較浪漫的節日。餐館(特別是咖啡廳、茶餐廳等)可推出情人節套餐，推銷「心」形高級巧克力，展銷各式情人節糕餅。餐館還可增加一個賣花女，鮮花也是一筆可觀的收入。同時，舉辦情人節舞會或化裝舞會，舉行各種文藝活動，抒情

音樂會及舞蹈如「梁山伯與祝英台」、「羅密歐與茱麗葉」等等。西方的節日還有很多，如復活節、感恩節、萬聖節等，如果西式餐廳在這些節日能夠推出各種活動，也能夠不斷吸引客源。

28

餐飲業的促銷策劃方案

一、市場分析

1. 現狀簡析

⑴開業不到半年。

⑵沒有做大規模的相關宣傳。

⑶該食府在該區域的知名度不高，公眾認可程度不高。

⑷該食府內各功能部門之間運作不很協調，員工和部門的操作在慢慢摸索，但總體上不是太協調。

⑸經營品種以粵菜為主，還沒有創造出有特色或認可程度較高的招牌菜式。

⑹主要競爭對手是：長安大餐廳、中華餐廳。

2. 客源簡析

⑴該食府的客源是以週邊單位、公司消費為主體，估計該類消費佔營業總額的 70%以上。

(2)該食府的餐廳設計及其經營價格均屬中高檔，位置處於廠區，與週邊的居民住宅區有一定距離。

(3)散客佔比重不大，這說明該食府的認可程度還不很高。

3. 初步結論

由上分析得出，該食府目前尚處在經營的新生時期，在這個時期內，如何形成特色，如何提高社會的認可程度，如何創造該食府的招牌特色，是非常重要的。

從競爭角度上看，該食府在餐廳環境、出品品質、服務方式等方面存在著一定的優勢。

二、促銷設想

12 月份正是處於餐飲業賺錢的黃金時機，有聖誕、元旦、民間婚宴、社團年會等。所以，整個促銷基點以宴會為主，根據市場目標與自己的實力，把宴會包裝成既符合市場需要，又符合食府實際情況的餐飲產品。此中關鍵的是包裝問題。

促銷宣傳主題擬定為「新世紀、新形象，新口味，新感覺」。

該次促銷目的和意義：為即將到來的春節、元宵節做好鋪墊；嘗試創造食府特色招牌。

產品包裝：以各種宴會為基礎，輔以其他的優惠方式。

1. 宴會分類

A：單位年會

一類 1300.00 元；

二類 1660.00 元；

三類 1880.00 元。

B：婚宴

一類 888.00 元；

二類 1230.00 元；

三類 1888.00 元。

C：新派狂歡夜

聖誕金宵夜、元旦新派……（具體事宜及價格待定）

2. 優惠方式

A：贈送相關紀念品（另議）

B：提供酒水優惠（另案再議）。

3. 包裝要點

根據既定目標，把各類宴會包裝成與整體既相關又能獨立的促銷產品。

4. 宣傳規模

印發廣告品。1 萬份。內容包括宴會推介、優惠方式等。

有線電視廣告。11 月下旬開始播放，當地收視範圍 2 次/天以上頻率。

戶外 POP。

A：在週邊道路拉一道大型的宣傳促銷橫幅，內容是促銷主題。

B：主要街道拉橫幅，內容是促銷主題。

上門公關。派出若干人員到大型企業事業單位、工廠派發廣告品。

三、具體操作（見表 28-1）

表 28-1　2004 年 12 月份促銷計劃一覽表

序號	項目內容	完成時間	負責人
1	促銷計劃上報董事局、董事長	11 月中旬	餐飲部經理
2	定出各種宴會菜單	11 月 15 日～11 月 20 日	營業部經理、行政總廚
3	各品種成本、售價、毛利率核算	11 月 20 日～12 月 5 日	餐飲總監
4	聯繫宣傳廣告版面設計和印刷	11 月 25 日～12 月 5 日	餐飲總監
5	聯繫製作有線電視廣告	11 月 25 日～12 月 5 日	餐飲總監
6	聯繫製作戶外 POP	11 月 25 日～12 月 5 日	行政部
7	各項促銷宣傳出街	12 月 10 日	各上述有關項目負責人
8	宴會原料組織	11 月 10 日備料	行政總廚
9	上門公關	12 月 10 日～12 月 20 日	公關部
10	服務員培訓	12 月 10 日開始（預計 3 次）	餐飲總監、樓面經理
11	大堂 POP 裝飾	12 月 20 日	相關負責人
12	大廳 POP 裝飾	12 月 23 日	同上
13	廳房 POP 裝飾	12 月 23 日	同上
備註：			

四、促銷預算（略）

五、操作要點

1. 務必讓全體員工熟悉此基活動內容。

2. 營業部做好宴會登記。

3. 各操作項目的負責人要嚴格按要求完成好分配任務，以食府利益至上。

4. 董事會必須給予全力支持。

心得欄 -------------------------------

29

餐飲店的績效評估與改善

餐廳經營直接面對顧客，好壞當下立判，因此績效評估與自我診斷更顯重要。經營者有必要在營運過程中，定期於每月、每季或每年，對營運狀況進行評估與診斷，才能防患未然，找出經營的問題點滴。再透過與相關部門的集思廣益，擬出最佳的績效改善對策，及早施行，以補強餐廳經營的體質，甚至可望業務蒸蒸日上。

一、餐飲店的績效評估

餐飲業績效評估之項目，可分成兩大方向，一為有形的，一為無形的。有形，指的是可用數為根據，來評估其優劣；無形，即很難用數字來評估其績效，如服務，但是忽略了它，卻又影響餐廳之信譽與生產至巨。

廣義的服務，還包含硬體設備，例如地毯、桌子、椅子、壁紙、燈光、冷氣機、電梯等，如果這些設備有任何瑕疵或故障，應該迅速進行維護修理，以便維持服務的品質。

至於如何制訂績效評估的標準，除了可從國內餐飲公會取得同業的資料作一般性的評比外，仍應盡可能地從世界各地收集資料加以參考，如美國的餐飲業同業公會就曾經透過美國八大會計師事務

所的協助，編著了一冊每年發生的餐旅業損益分析，按世界各大洲
及各主要地區，表示出區域的標準資料或百分比。

不過，比較分析的前提，必須是在相同的基礎上。例如，速食
店不應該與一般餐廳比較，因為服務型態不同；一般餐廳與酒吧很
難作比較，因為商品不同；本月份不應與上月份或下月份作比較，
因為月份、日數及淡旺季不同。

茲將績效評估項目及標準之制訂簡述如下：

1. 收入結構

食品收入與飲料收入是餐廳的主要收入來源，在績效評估中，
將食品收入與飲料收入加以分類，有其必要性，而且分類不容隨意
更動，以免無法評比，而且易誤導決策。

以茶、咖啡為例，雖然是飲料，但是在許多在餐廳將其列為食
品收入。原因無他，因為其原料為茶葉、咖啡豆，經加開水煮過，
而成紅茶、香濃咖啡，當然就應該列為食品收入。因此，不只是茶、
咖啡，許多原料買進來後，經過加工變為飲料的項目，也都列為食
品收入，這是目前許多餐廳及大旅館在分類上的一種規矩。

釐清食品收入及飲料收入的細目，並訂定各分項收入的標準，
是績效評估的重點工作之一。

2. 平均消費額

平均消費額是每位顧客消費的平均金額，有些消費者花費較
多，有此則較少，但無論如何，它提供了制訂菜單價格時所該考慮
的「平衡價格」的觀念。

也就是說，有些菜單項目的價格可能會比平均消費額高，有些
則較低，不管是否會達成所期望的淨利目標，但至少平均消費額能

讓我們知道營業收入的狀況。

顧客的平均消費額常因用餐時段之不同而有所差異，早餐通常最低，午餐其次，最高則為晚餐。因此依用餐時段來分析平均消費額，會比用全天來計算更為恰當、有用。

菜單通常有一定的售價範圍，所以必須注意的是，依用餐時段所計算出的平均消費額，並不是該時段每一菜單項目的售價。

3. 消費人數

消費人數與餐廳座位之週轉率有直接的關係，把消費人數除以餐廳之座位數，即能計算出週轉率。

再依用餐時段，分別計算出各時段的週轉率，可看出各時段的營業收入是否還有突破的空間，或有那些地方還需要加強的。

消費人數之標準餐飲一致的看法是，每餐的人數至少等於餐廳之座位數。如果一家餐廳供應午、晚兩餐，而座位數有 100 個的話，即以每天 300 位消費人數為標準。

台北許多大飯店的咖啡廳，從早餐、中餐、下午茶、晚餐一直做到宵夜，因此只要地點好、服務佳，往往其消費人數均超過 5 個週轉率，甚至會達到 8 個週轉率之多。

4. 服務費收入

將平均消費額乘以消費人數，即能求出營業收入。在台灣的餐飲業，小費是屬於服務人員的，服務費則屬於餐廳的。美國一般的餐廳，服務費是直接屬於服務人員。因此如果想以業主在美國的某一餐廳作營業分析比較時，則需要先扣掉服務費收入這個項目，再作比較分析，才會正確。

5.食品成本

餐飲業所謂之成本,只是指直接原物料,和製造業所謂之成本不同(包括直接原料、間接原料、直接人工、間接人工及製造費用)。之所以只表示直接原料,是因為餐廳為了迎合顧客的需求,常隨著客人的口味及季節性食品物料之供應而有所變化。

在此前提下,把一般製造業的成本觀念,硬要分攤到各個菜單項目,是很困難而且不實際的。因此,餐飲業的食品成本,一般都只表現其直接原料,原因就在此。

根據市場信息得知,一般中餐廳的食品成本約為營業收入(不包括服務費收入)的 36%;西餐廳之食品成本則約為營業收入的 30%~45%。

6.飲料成本

和食品成本一樣,基於費用分攤上之困難與不切實際,所以也只以直接原料為其成本。至於飲料成本的多寡,視其營業性質之不同而有差異。以喜慶宴會為主的中餐廳而言,其飲料成本約為飲料收入的 35%~40%;一般中餐廳則約為 25%~30%;西餐廳以洋酒為主,單杯賣的較多,因此其飲料成本則約為飲料收入的 20%~25%。

7.直接營業費用

直接營業費用隨著營業收入之增減而上下浮動,但是其費用對營業收入之百分比不是變的。

(1)人事費用

人事費用項目眾多,除了薪資外,還包括加班費、年終獎金、津貼、員工旅遊、婚喪補助、宿舍、忘年會、勞保等福利。因此除薪資外的一些福利,約等於薪資的 25%。也就是說,如果一家餐廳

平均每月位員工之薪資為 2 萬元,則該餐廳平均每月花在每位員工身上的人事負擔,大約為 2 萬 8 千元。

所以如何使餐廳之基本員工人數,隨著營業收入之增減而調整,將是各餐廳績效評估的一大目標。

一般來說,人事費用是餐廳除了材料成本外最大的費用負擔,一旦人事費用超過營業收入的 35%,將很難經營下去。

(2)重置費用

此費用是指餐廳內生財器具(包括瓷器、玻璃器、銀順、布巾類)破損而重新購置的費用,許多餐廳業者及經理常不太重視這項費用。事實上,餐廳菜色再好,服務再佳,如果生財器具之布巾已破損,碗盤有缺口甚至有裂痕,那麼,消費者對此餐廳的評語一定不會很好。

在台灣生活水準日益提高的今日,消費者的要求已非昔日只求溫飽,衛生、乾淨轉而成為重點,因此對生財器具破損的重置費用,應隨著顧客人數及營業額的增減,成正比的變動。一般餐廳器具設備的重置費用約為營業收入的 0.5~1%。

(3)其他營業費用

依據餐廳之性質、大小的不同,其他營業費用的內容亦有所差異,但至少包含了下列各項費用:

①燃料費:即瓦斯等費用。

②交通費:計程車資或車子的油料費、保險費、修繕費等。

③水洗費:包括員工制服、桌布等洗滌費用。

④用品費用:包括顧客用品、清潔用品、紙巾等。

⑤文具印刷等。

⑥制服費。

⑦電話費。

⑧裝飾費。

⑨其他費用。

一般餐廳的其他營業費用，合計約等於營業收入的 5~6%。

8.間接營業費用

(1)管理費用

管理費包括經理及財務、採購人事等管理及行政人員的薪資及福利，也包含了信用卡收帳費、交際費、呆帳費用等，其費用的總數約等於營業收入的 5%。

(2)業務推廣費

包括各種設備的良好運作，所發生的一般維護及修理費用皆稱之，其費用總數約等於營業收入的 1.5%。

二、餐飲店的績效改善對策

餐廳可定期(如每月、每季、每年)透過績效評估與自我診斷，得知經營績效的好或壞，如績效不佳，則針對問題訂定改善對策。

績效改善對策可從下列幾個方向進行：

1.商品面

針對菜單項目、顧客對象、經營之功能(如小吃、喜宴、開會等)，加強開發商品，以突破業績。

2.投資面

為了增加業績，在改善對策中，是否有大規模的整修，甚至廚

房設備也重新購置？如果有，則需要作投資效益分析，如總投資額需多少？何時可回收？

3. 市場面

從市場面來看，餐廳所提供菜式的口味符合那些層面的顧客？是否與當初所設定的顧客層有所偏離？

4. 營運面

可利用實際之營運數字與預算作比較

5. 效益面

績效改善對策實施後，是否會增加者業收入或是會減少費用支出，這些都是效益面的考量點。

總結上述五個層面之研究分析檢討，作一總結，而決定這個改善對策是否可行？

心得欄 _

_ _

_ _

_ _

_ _

_ _

30

菜單技巧

一、菜單功能

菜單的功能主要如下：

1. 菜單是傳播品種信息的載體

餐飲企業通過菜單向客人介紹餐廳提供的品種名稱和特色，進而推銷品種和服務，因此菜單是連接餐廳與顧客的橋樑，它反映了餐飲企業的經營方針，餐飲企業的營銷策略，起著促成買賣成交的媒介作用。

菜單還反映出該餐廳的檔次和形象，通過流覽菜單上的品種、價格，以及菜單的藝術設計，顧客很容易判斷出餐廳的風味特色及檔次的高低。

2. 菜單是餐飲經營的計劃書

菜單上銷售什麼品種、不銷售什麼品種，這實際上就決定了整個物流過程和服務過程的運作，因此菜單在整個餐飲運作中具有計劃和控制的作用，它是一項重要的管理工具。

它反映了該餐飲企業的烹調水平。從菜單的品種目錄上，大體可以看出該餐廳的烹調水平及特色，例如品種分類、有何特色品種、招牌品種是什麼。

它決定原料的採購和儲存活動。既然決定了銷售什麼樣的品種，必然就決定了需要購買什麼樣的原料和儲存什麼樣的原料。

它影響著餐飲原料成本和毛利率。菜單上的銷售規模和品種價格，實際上就決定了餐飲原料成本的高低，同時也反映了該餐飲企業的綜合毛利率水平。

3. 菜單是餐飲促銷的控制工具

菜單是管理人員分析品種銷售狀況的基礎資料。餐飲管理者定期對菜單上的每個分類的銷售狀況、顧客喜愛程度、顧客對品種價格的敏感度進行調查和分析，會發現品種的原料計劃、烹調技術、價格定位，以及品種選擇方面存在的問題，從而能幫助餐飲管理者正確認識產品的銷售情況、及時更換品種、改進烹調技術、改進品種促銷方法、調整品種價格。

4. 菜單是餐飲促銷的手段

菜單不僅通過提供信息向顧客進行促銷，而且餐廳還通過菜單的藝術設計烘托餐廳的情調。菜單上不僅配有文字，還往往配以精美的品種圖案，讓顧客更直觀地瞭解品種。

菜單既是藝術品又是宣傳品。一份設計精美的菜單可以創造良好的用餐氣氛，能夠反映出餐廳的格調，可以使顧客對所列的美味佳餚留下深刻印象，並可作為一種藝術欣賞，甚至留作紀念。

5. 菜單標誌著餐廳有自己的經營特色和等級水準

菜單上的食品、飲料的品種、價格和品質告訴客人該餐廳商品的特色和水準。近來，有的菜單上甚至還詳細寫上菜餚的原材料、烹飪方法、營養成份等，以此來展示餐廳的特色，從而給客人留下良好而深刻的印象。

6.菜單是餐廳服務員為賓客提供服務的依據，同時也是餐飲成本控制的依據

餐廳服務員要根據菜單上的品種、價格特色及排列次序等進行推銷，並按照規定服務流程、規格、標準為賓客提供各種服務。餐飲管理人員為使餐飲部獲得較好的經濟效益就必須控制食品原料、勞動力和餐廚設備等方面的成本。而進行餐飲成本控制，首先要分析菜單上的菜點及其所需的原料、勞力和使用的餐廚設備，然後才能確定標準成本，並採取相應的措施來控制成本。

二、菜單的內容

菜單是一種廣告。它的任務是告示賓客，餐廳能向他們提供的菜餚品種以及這些菜餚的價格，餐廳廚師應根據菜單品種進行原料準備和加工並生產菜餚。一份菜單應具備下列內容：

1. 餐廳的名稱、地址及位置；
2. 菜餚的特點和風味；
3. 各種菜餚的項目單；
4. 各種菜餚的分別說明；
5. 各種菜餚的單位；
6. 各種菜餚的價格；
7. 營業時間、電話號碼等。

三、菜單設計存在的常見問題

菜單是非常重要的促銷手段,但並不是很多餐飲企業都重視菜單設計,下面就是部份餐飲企業在菜單設計中常見的問題:

1. 製作材料選擇不當

有些菜單採用各色簿冊製品,其中形式有檔夾、講義夾,也有集郵冊和影集冊,這些非專門設計的菜單不但不能有點綴環境、烘托氣氛的效果,反而與餐廳的經營風格相悖,顯得不倫不類。

2. 菜單偏小,裝幀過於簡陋

有些菜單以 16 開普通紙張製作,這個尺寸無疑過小,造成菜單上菜餚名稱等內容排列過於緊密,主次難分。有的菜單甚至只有 32 開大小,但頁數竟有十多張,無異於一本小雜誌。絕大部份菜單紙張單薄,印刷品質差,無插圖,色彩單調,加上保管使用不善,顯得極其簡陋,骯髒不堪,毫無吸引人之處。

3. 字形太小,字體單調

不少菜單為打字油印本,即使是鉛印本,也大都使用 1 號鉛字。坐在餐廳不甚明亮的燈光下,閱讀由 3 毫米大小的鉛字印就的菜單,其感覺絕對不能算輕鬆,況且油印本的字跡往往已被擦得模糊不清。同時,大多數菜單字體單一,缺乏字型、字體的變化以突出、宣傳重要菜餚。

4. 塗改菜單價格

隨意塗改菜單已成為相當一部份餐飲企業的通病,上至五星級的豪華酒店,下到大眾化的餐廳,比比皆是。塗改的方法主要有;

用鋼筆、圓珠筆直接塗改菜名、價格及其他信息；膠布遮貼，菜單上被塗改最多的部份是價格。所有這些，使菜單顯得極不嚴肅，很不雅觀。

5. 不標出價格

有些茶單，居然未列價格，讀來就像一本漢英對照的菜餚名稱集，有的菜單未把應列的菜餚印上，而代之以「請詢問餐廳服務員」。

6. 菜單上有名，廚房裏無菜

凡列入菜單的品種，廚房必須無條件地保證供應，這是一條相當重要但容易被忽視的餐飲管理規則。不少菜單表面看來可謂名菜薈萃，應有盡有，但實際上往往缺少很多品種。

7. 品種缺少描述性說明

每一位廚師或餐飲經理都能把菜單上的品種配料、烹調方法、風味特點、有關該品種的掌故和傳說講得頭頭是道，然而一旦用菜單形式介紹時就大為遜色。尤其是中餐中的那些傳統經典品種和創新品種，不少名稱雖然雅致形象、引人入勝，但絕大多數就餐者少有能解其意的，更不用說來自異國他鄉的國際旅遊者。即使許多菜單附有英譯菜名，但由於缺少描述性說明，外國遊客在點菜時仍然不得要領。

8. 缺少促銷信息

許多菜單上沒有註明餐廳位址、電話號碼、餐廳營業時間、餐廳經營特色、服務內容、預訂方法等內容，有趣的是，絕大部份菜單都列有加收多少服務費。顯而易見，為使菜單更好地發揮宣傳廣告作用和媒介作用，許多重要信息不應被省略遺漏的。

四、菜單設計依據

　　菜單設計的操作需從顧客層面和管理層面去考慮。顧客層面主要考慮的是市場競爭因素，管理層面主要考慮的是技術與出品品質的保證，如圖 30-1 所示：

　　只有在綜合考慮這些因素之後，才有可能對菜單的品種做出正確的選擇。在設計菜單時應儘量避免下列問題的出現：

· 難以提高或保持品種穩定的出品品質；

· 品種成本過高而且銷量不大；

· 品種原料供應難以保證；

· 人員不夠或沒有足夠的熟練人員；

· 沒有足夠的烹調設備或場地。

心得欄 _____

_____

_____

_____

_____

_____

圖 30-1　菜單設計的依據體系

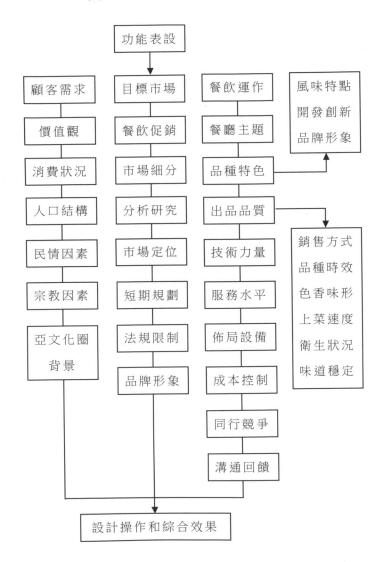

五、菜單設計的流程

菜單設計工作應該在一整段不受干擾、活動餘地較大的工作地方進行。

1. 準備所需的參考資料

①各類舊菜單，包括企業正在用的菜單；

②標準菜譜檔案；

③庫存信息和時令菜、暢銷菜單等；

④每份菜成本或類似信息；

⑤各種烹飪技術書籍、普通詞典、菜單詞典；

⑥菜單食品飲料一覽表；

⑦過去銷售資料。

2. 運用標準菜譜

標準菜譜是由餐飲部設計建立的規範統一的關於食品烹飪製作方法及原理的說明卡，它列明某一菜餚在生產過程中所需的各種原料、輔料和調料的名稱、數量、操作方法、每客分量和裝盤工具及其他必要的信息。只有運用標準菜譜，才可確定菜餚原料各種成份及數量、計劃菜餚成本、計算價格，從而保證經營效益。

一份品質較好的標準菜譜有助於菜單的設計成效，同時有利於員工瞭解食品生產的基本要求與服務要求，也可提高他們的業務素質。

3. 初步構思、設計

剛開始構思時，要設計一種空白表格，把可能提供給顧客的食

品先填入表格，在考慮了各項影響因素後，再決定取捨並作適量補充，最後確定各菜式內容。

4.菜單的裝潢設計

將已設計好的菜餚、飲料按獲利大小順序及暢銷程度高低依次排列，綜合考慮目標利潤，然後再予以補充修改。

召集有關人員如廣告宣傳員、美工、營養學家和有關管理人員進行菜單的各式和裝幀設計。

5.列印、裝幀

6.菜單內容

菜單內容最主要的部份是產品和價格。餐廳應根據市場的現狀和趨向，結合本身的目標和條件，審慎決定產品的種類、價格及品質。

7.插圖與色彩運用

菜單的裝幀，特別是插圖、色彩運用等藝術手段，必須與餐飲內容及餐廳的整體環境相協調。

菜單上的圖畫有兩種作用：一是藝術性的裝飾；二是實用性的輔助說明，如菜餚的圖片或地圖等。

六、菜單製作材料

一般菜單的材料以紙張居多，設計菜單時首先要選擇好用紙。與菜單文字工作、排列和藝術裝飾一樣，紙的合適與否關係到菜單設計的優劣。此外，紙的費用也佔了相當一部份的製作成本。

大部份菜單都是採用活版印刷或膠印平版印刷，或將兩者結合

起來。菜單封面一般採用膠印平版印刷，內頁的菜餚項目單則採用活版印刷。

活版印刷的特點是：字體和線條會透進紙內；適用於幾乎所有類型的紙；照像銅版印刷需要光滑的、拋光的或者塗層的紙張。

膠印平版印刷允許在紙張選擇和印刷方面有更大的範圍，字體不會透進紙內。

1. 菜單紙的折疊

因為大部份菜單印在紙上，所以應考慮紙的實用方法：首先可以折疊，其次可以被切成各種形狀，並可有不同的造型。

最簡單的方法是把一張紙從中間一折，便成菜單，但是還有許多其他方法採用折疊菜單時，應注意不是所有的紙都可以折，有些紙一折就裂，從而降低了菜單的使用壽命。在大量印刷菜單之前，應檢查一下紙張的「可折度」。

2. 菜單的形狀

菜單用紙可以切成各種幾何圖形和一些不規則的形狀。另外，菜單不一定是平的，兩面用的紙也可以製成一個立方體或金字塔式的。

總之，菜單的形狀是根據餐廳經營需要、為迎合賓客心理而確定的。菜單的尺寸大小沒有統一的規定，用什麼尺寸合適，主要從經營需要和方便賓客兩個方面考慮。

菜單必須借助文字向顧客傳遞信息。一份好的菜單的文字介紹，應該做到描述詳盡，令人讀後不禁食欲大增，從而具有促銷作用。一份精美的菜單其文字撰寫的耗時費神程度並不亞於設計一份彩色廣告。

　　要設計裝幀一份閱讀方便和富有吸引力的菜單，使用正確的字體是非常重要的。一份菜單最主要的目的是溝通，要把餐廳所能提供的菜餚食品告訴客人，字體必須美觀、清楚。假如不是用手寫體的話，就一定要用印刷排版的方式。許多菜單的字體太小，不便閱讀；有的字體排得太緊，而且每項菜餚之間間隔小、幾乎連在一起，使賓客選擇菜餚時很費勁。

　　菜單封面設計主要注意以下三個方面：

　　⑴突出餐館的風貌特徵。

　　⑵必須在設計好菜單版面佈局之後再設計封面，因為封面與版面必須相協調。

　　⑶封面版圖設計要考慮紙張品質色彩、製作費用等因素。

　　一般來說，菜單封面紙張要厚，耐用、耐磨，表面光滑，看上去質地細膩。傳統餐廳一般用真皮或人造皮做封面，新式餐廳多用紙做封面。對於封面顏色，傳統餐廳一般用深色，如黑色，深棕色、鐵灰、暗紅，也有些餐廳用金色或銀色鑲邊；新式餐廳封面一般用淡而明亮的顏色，設計風格比較輕快，如鮮紅色、黃色或是黃棕色等。

　　封面設計千萬不可缺少餐廳名額與地址，最好還寫上電話號碼與服務時間，但一定要掌握分寸，不可堆積太多的內容。

31

菜單的修正

菜單製作完成並不意味著從此可以高枕無憂了，要隨時留心客人的反映，順應時下餐飲風尚，對菜單做進一步的修正，才是敬業的餐飲經營者應有的態度。

1. 菜單在設計製作方面的通病

· 製作材料選擇不當；

· 菜單紙張過小，裝幀過於簡陋；

· 字型太小，字體單調；

· 塗改菜單價格；

· 缺乏描述性說明；

· 單上有名，廚房無菜；

· 遺漏。

在對菜單做進一步修正的過程中，可以採取圖 31-1 的步驟。

圖 31-1　菜單修正的步驟

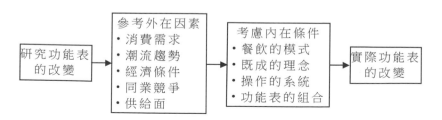

2. 經常與同行做口味比較

定期做口味調查，探知消費者的口味及對更換餐飲的喜好度。至少應包括口味、分量、熱度、香味、裝飾、價格這 6 項。調查的頻率不可太多，亦不可太少，每半年或一年一次最理想。

為了使比較的結果更具參考性，做比較時必須把握類比的原則。例如一家中型的閩菜餐廳，應和中型閩菜餐廳做比較。而口味比較可先從同地區的同行比較起，然後再逐漸比較其他都市的同行。

3. 簡化菜單，淘汰不受歡迎的菜品

經營者在調整菜單時，對乏人問津或極少賣出的冷門菜，應該毫不猶豫地剔除掉。這樣不僅可以減少材料的準備和浪費，也可避免第一次上門的顧客因點到這些菜而對餐廳的口味產生不良的印象。

4. 套餐的運用

套餐是將餐廳裏最受歡迎的菜組合成套。為消費者提供點菜的便利。它對經常來用餐的老主顧來說是個划算的選擇，對第一次上門的新客人則有廣告的作用，能幫助餐廳在客人心目中建立良好的第一印象。

5. 多推出季節性的菜餚

大多數海鮮、蔬果類的食品都有一定的生產季節，在生產季節中這些食品不但量多質佳，價格也比較便宜，而不在生產季節時，不但數量少、品質差，價格也變得昂貴。

32

餐飲業的標準菜譜生產

　　餐飲生產的品質管理是整個生產管理的關鍵，它能反映出餐廳餐飲管理的水準。

　　標準菜譜是食品生產控制的重要工具。它列明瞭某一菜餚生產過程中所需的各種原料、輔料和調料的名稱、數量、操作方法、每客分量、裝盤器具以及其他必要信息。

1. 使用標準菜譜的優點

　　⑴無論生產者、生產時間和產品購買者發生任何變化，菜餚的分量、成本和味道都能保持一致。

　　⑵根據標準菜譜生產，可根據菜餚裝盤客數，進行產量控制，以減少生產過剩和不足的問題。

　　⑶由於廚師知道各種菜餚需要多少原料、輔料和調料 以及操作方法，管理人員對廚師的監督檢查工作量就可減少，廚師只需按照標準菜譜規定的操作方法烹製菜餚即可。

　　⑷每份標準菜譜列明瞭菜餚生產過程中所需使用的各種工具和烹調時間，管理人員就較容易制定生產計劃表。

　　⑸按標準菜譜生產，技術水準較差一些的廚師也能烹製出優質菜餚，有利於培訓廚師的操作技能。

　　⑹按照標準菜譜生產，可使每客菜餚的分量符合標準。

⑺如果某位廚師不在崗,其他廚師仍能根據標準菜譜生產同一菜餚。

2.使用標準菜譜的不足之處

⑴制訂、測試及實行標準菜譜需花費一定的時間。

⑵必須對食品生產人員進行培訓,使他們懂得如何使用標準菜譜。

⑶從未使用過標準菜譜的廚師可能態度不積極,覺得使用標準菜譜會扼殺他們的創造性和主動性。

3.標準菜譜的制訂過程

⑴管理人員意見統一、觀念一致,明確使用標準菜譜的目的和意義。

⑵編制菜單、選擇菜譜時,管理人員必須瞭解菜譜內容以及各種原料、輔料的供貨狀況,保證供貨管道暢通。

⑶確定一段時間,制訂標準菜譜。

⑷制訂標準菜譜時,認真確定菜餚的主料、輔料、調料的比率,詳細說明菜譜的烹調方法和製作過程。

⑸按菜譜規定的流程和方法製作菜餚,同時確定菜餚盛器規格。

⑹徵求廚師意見,提高標準菜譜的準確性。

⑺對菜譜進行測試、論證,同時拍下將盤後菜譜的照片。

⑻標準菜譜制訂後,應根據標準菜譜對廚師進行認真培訓。通過培訓,使所有廚師掌握菜譜的使用方法,並通過監督檢查,保證在實際工作中,廚師都按照標準菜譜進行生產,以確保有食品的品質。

⑼按一定的格式制訂出標準菜譜，一般格式為「菜餚名稱、主料、輔料、調料名稱及比率操作流程、盛器要求、注意事項、菜餚成品照片」等。

33

餐飲業如何執行安全管理

所謂安全，是指避免任何有害於企業、賓客及員工的事故。事故一般都是由於人們的粗心大意而造成的，事故往往具有不可估計和不可預料性，執行安全措施，具有安全意識，可減少或避免事故的發生。因此，無論是管理者，還是每一位員工，都必須認識到遵守安全操作規程的重要性，並有承擔維護安全的義務。

廚房安全管理的目的，就是要消除不安全因素，消除事故的隱患，保障員工的人身安全和企業及廚房財產不受損失。廚房不安全因素主要來自主觀、客觀兩個方面。主觀上是員工思想上的麻痹，違反安全操作規程及管理混亂，客觀上是廚房本身工作環境較差，設備、器具繁雜集中，從而導致廚房事故的發生。針對上述情況，在加強安全管理時應從以下幾個主要方面著手：

⑴加強對員工的安全知識培訓，克服主觀麻痹思想，強化安全意識。未經培訓的員工不得上崗操作。

⑵建立和健全各項安全制度，使各項安全措施制度化、流程

化。特別是要建立防火安全制度，做到有章可循，責任到人。

(3)保持工作區域的環境衛生，保證設備處於最佳運行狀態。對各種廚房設備採用定位管理等科學管理方法，保證工作流程規範化、科學化。

(4)對安全管理的督促

廚房安全管理的任務就是實施安全監督和檢查機制。通過細緻的監督和檢查，使員工養成安全操作的習慣，確保廚房設備和設施的正確運行，以避免事故的發生。安全檢查的工作重點可放在廚房安全操作流程和廚房設備這兩個方面。

廚房安全檢查表(見表 33-1)的制定，能便於管理者在工作中進行督導，也便於新老員工能較快掌握檢查內容，並能引起高度的重視；在日常工作中能使員工自覺地遵守安全規程和服從安全檢查。

表 33-1　廚房安全檢查區域範圍表

區域	檢查內容	是	否	備註
加工區域	地面是否平整、光滑、有無積水			
	下水道上的鐵蓋板是否都俱全			
	水池是否暢通，水龍頭是否漏水或損壞			
	垃圾箱是否有蓋，是否每天有專人傾倒和洗涮			
	工作台、貨架是否擺放平衡			
	砧板是否每天清潔並擺放好			
	各種加工設備是否已清潔、保養			
	電燈光照是否全面，亮度和高度如何			
	員工的各種刀具是否安全存放			

烹調操作區域	各種煤氣爐灶的閥門、開關是否漏氣			
	電器設備有否專用的插座，電線的容量夠用否			
	機械設備妥善接通地線否；開關、插座漏電否			
	電器開關、插座是否安裝在使用較方便處			
	廚房地面是否平整、清潔、乾燥			
	員工是否學會操作各種機械設備			
	員工是否遵守安全操作流程			
	員工是否按照規定的著裝上班			
	廚房過道上有無障礙物			
	各種廚房用具是否安全擺放到位			
	廚房內使用的清潔劑是否有專櫃存放			
	員工是否知曉清潔劑的使用			
	烹調操作間的電燈有無安全罩，光照亮度夠否			
	廚房的門窗開啟自如、有無鬆動或掉落的可能			
	廚房到餐廳的過道門是否完好			
	廚房內各種消防器材是否齊備，是否夠用			
	消防器材有無專人保管、是否定期進行檢查			
	每位員工對消防器材是否熟悉、會用			
	廚房火災報警器有無安裝？是否好用			
	廚房是否有醒目的防火標記			
	廚房的能源閥門、開門等是否有專人負責檢查			
	廚房內有無醫療箱，常見外用藥品是否齊全			
	廚房的各種鑰匙是否有專人保管			

以上這些安全檢查，各廚房可根據實際情況，制定更細緻、更全面的檢查表，以督促規範員工的工作。

事實上，廚房的安全工作還需要工程部、安全保衛部等部門的密切配合，從「大處著眼、小處著手」，持之以恆，常抓不懈，才能真正達到預期的效果。

心得欄 _____

_____

_____

_____

_____

_____

34

餐廳硬體設備的防盜

1. 燈光照明

充足的燈光可以嚇阻店內和店外犯罪行為的發生。

⑴在陰雨天和天將黑時，要打開週邊的燈光。

⑵在天黑時，要打開屋橫招牌燈。

⑶投射燈須能照到走道、後門、前門及週邊景觀。

⑷營業時間用餐區須打開燈光。

⑸壞掉的燈需隨時更換。

2. 門窗

⑴後門要加裝貓眼，利用貓眼來確認想要從後門進來的任何人，並且最好保持上鎖的狀態。

⑵如果後門沒有貓眼裝置，則請欲從後門進來的人改從前門進入。

⑶後門的門面不要把手把或其他類似零件，務使後門只能從店內打開而已。

⑷檢查門窗萬一有玻璃破損及任何螺絲脫落的情況應立即找人修理。

⑸控制餐廳鎖匙的數量，只限經理、副理或開店及打烊的幹部。

⑹建立鎖匙記錄簿，務必要求鎖匙持有人簽名。

⑺當鎖匙數量多到無法控制，最好趕快換鎖。

3.儲藏間和巨型鐵質垃圾桶

儲藏間必須上鎖，巨型鐵質垃圾桶確認維修良好，並保持緊閉。

4.店面外的景觀

經常檢查建築物的前後及室外垃圾處理區（如果有的話），尤其有庭院的餐廳還要檢查是否雜草叢生，一旦植物生長過高或過於茂盛，不但影響視野的清晰度，更易成為歹徒躲藏之處。

5.餐廳開店的安全

每天第一個抵達餐廳的人，應先環繞店面四週，檢查窗戶是否破損，門是否打開，巨型鐵質垃圾桶是否開著，以及任何其他可疑的徵兆。然後將車停在餐廳前門而非後面，從前進入餐廳。在餐廳營業之前，再將車子移到餐廳後面，將餐廳前面的停車位留給顧客使用。千萬不要讓任何人在營業時間之前進入餐廳，除非是排了班的員工或進貨廠商。

6.打烊步驟

⑴晚上餐期過後，要打烊工作人員的車子統統移到店的前門，這樣員工離開店到上車，較為安全。

⑵打烊後，員工離店須以成雙成對或一群人的方式離去。

⑶打烊關門前，確定所有的顧客都已離開餐廳。

⑷檢查廁所天花板有沒有被潛入的痕跡，看看天花板有無移動的跡象，或有無殘屑掉在地面上。

⑸確定餐廳所有的門、窗都上了鎖，且固定良好。

⑹打烊後即打開夜視燈，且不許任何人留下。

7.垃圾處理

將所有垃圾集在後門,然後再一次把所有的垃圾丟到巨型鐵質垃圾桶(或垃圾集中場),如此可以減少開門及鎖門的次數。尤其在犯罪率較高的地區,夜晚可以不必把所有的垃圾清理乾淨,除非有另一個員工可以協助。

8.防止員工偷竊

餐廳中人多事雜,對於員工之偷竊行為發生時,其處理通則如下:

⑴明令規定貴重物品嚴禁攜至店中,如有必要,則交櫃檯保管。

⑵發薪日現金或薪資支票鎖於保險櫃中,下班之員工方可領回,領完錢最好隨即離店,勿在店內無事逗留。

⑶抓到偷竊者立即開除,絕不寬貸。

心得欄 _____

_____

_____

_____

_____

_____

35

優質的服務

一、優質服務的基本內容

餐廳服務是餐飲產品的銷售,優質服務應該包含如下方面的內容。

首先是提供一個舒適的就餐環境。良好的就餐環境是現代餐廳所必須具備的,這包括餐桌和餐椅的擺設、餐具的擺設、空氣調節、裝飾物的點綴、燈光配置、顏色協調等方面。這些因素的組合能夠與所提供的服務相適應,能夠與某時期的促銷主題相適應。

其次是提供就餐服務。包括訂餐服務、引領入座、點菜服務、上菜服務、酒水服務、結帳服務、投訴處理、備餐服務、公共服務等方面。優質服務就是在上述這些服務流程的操作中體現出來的流暢、效率和品質,能夠給顧客最滿意的感覺。

再次是滿足顧客各種需求。這是老生常談的問題,優質服務就是顧客滿意程度,這個滿意程度也就是顧客在整個飲食消費過程中所體驗的高興程度。

要做到顧客的滿意程度最大化,就要真正樹立「以顧客為中心」的服務理念。第一,要以顧客需求為原則,根據該餐廳的目標市場而設計菜單品種和服務流程。第二,要以協助顧客為原則,積極主

動地告訴顧客，我們可以做什麼，顧客可以享用什麼。第三，懂得怎樣在統一標準的基礎上靈活變通，顧客需求千差萬異，沒有統一，難以控制；不懂變通，就不能應變。

餐廳服務過程是由多個工作環節構成的。由顧客進入餐廳開始，便有一系列的服務環節：咨客引客人入座，服務員要送香巾、斟茶和菜單，然後把點菜單送到寫單處，入單至廚房，廚房出菜到備餐間，由備餐員劃單，再送至顧客台上，服務員便進行上菜或分菜的操作，至而結帳、送客，此中還有大量的、瑣碎的服務環節要配套協調。

餐廳的服務過程是通過若干環節和員工之間的合作來完成的，因此要使餐廳服務贏得每位顧客的讚許，要使餐廳在競爭市場裏確立優質服務的形象，環節之間的銜接和員工之間的默契協調是必不可少的，任何環節或服務細節的差誤都會影響到餐廳乃至企業在顧客心目中的形象。

從顧客角度而言，在餐廳就餐也是一個對餐廳服務形成完整印象的過程。雖然站在門口的迎賓小組身材多麼修長美麗，笑容多麼可藹可親，但服務員的表情卻不理不睬或冷若冰霜，或者動作粗魯甚至語言不雅，在顧客心目中就會產生印象的差異。

這就是「100-1=0」現象。

由此可見，餐廳服務品質的好壞，就是看這多環節、多人員的配合是否連續、協調，是否流程化、規範化和靈活化。

二、優質服務的構成

優質的餐廳服務，都應包含著以下的具體內容。

1. 儀容儀表

優秀的餐廳服務員，必須著裝整潔規範、舉止優雅大方、面帶笑容。根據餐廳規定，餐廳服務員上班前須洗頭、吹風、剪指甲，保證無鬍鬚，頭髮梳洗整潔，不留長髮；牙齒清潔，口腔清新；胸章位置統一，女性化妝清淡，不戴飾物。

餐飲服務的全體人員要注重儀容儀表、服裝髮型，講究體態語言和形體動作，舉止合乎規範。要時時、事事、處處表現出彬彬有禮、和藹可親、友善好客的態度，為賓客創造一種入店如歸的親切之感。

2. 禮節禮貌

餐飲服務中的禮節禮貌，是通過服務人員的語言、行動或儀表來表示對賓客的尊重、歡迎和感謝的。禮節禮貌還可用來表達謙遜、和氣、崇敬的態度和意願。

對賓客的禮節禮貌主要表現在語言和行為上。掌握服務用語是提供優質服務(特別是提供感情服務)不可缺少的媒介。服務動作快而敏捷、準確無誤、舉手投足、訓練有素也是對賓客的尊重和有禮貌的體現。

工作人員要將禮貌服務貫穿於服務過程的始終。

3. 服務態度

整個餐飲的銷售過程，從迎賓、開餐到送走賓客，自始至終一

直伴隨著服務員的服務性勞動。作為服務員，不僅要擔任出售食品飲料的技術性勞動，還應把供餐的服務性勞動作為自身的職責。

　　服務員為顧客服務的過程，是從接待開始的。通常，顧客對服務員的印象，首先來自服務的外表，其次是服務員的語言、手勢、舉止動作等。服務員要用良好的服務態度去取得顧客的信任與好感，從雙方一開始接觸就建立起友善的關係。因此，我們說良好的服務態度是進一步做好服務工作的基礎，是貫徹「賓客第一」和員工有無「服務意識」的具體表現。

　　在餐飲服務中，體現良好的服務態度應做到以下幾點：

　　⑴面帶微笑，向客人問好，最好能重覆賓客的名字。

　　⑵主動接近賓客，但要保持適當距離。

　　⑶含蓄、冷靜，在任何情況下都不急躁。

　　⑷遇到賓客投訴時，讓他發洩。最好是請其填寫賓客意見書。如是事實證明是餐廳錯了，應立刻向賓客道歉並改正。

　　⑸遇有賓客提出無理要求或事實證明賓客錯了，只需向賓客解釋明白，不要求賓客認錯，堅持體現「賓客總是對的」。

　　⑹瞭解各國各階層人士的不同特徵，並提供針對性服務。

　　⑺在服務時間、服務方式上處處方便賓客，並在細節上下功夫，讓賓客體會到服務之週到。

　　希爾頓飯店集團的創始人希爾頓的「治業三訓——勤奮、微笑、自信」表明了他對服務態度的重視程度。而馳名世界的麥當勞速食聯號的總裁克拉克先生則把「微笑、熱情、乾淨」看作是「達到企業旺盛」的訣竅。這些成功的經驗，應該給我們以深刻的啟迪。

4. 清潔衛生

餐飲部門的清潔衛生工作是服務品質的重要內容，必須認真對待，餐飲衛生水準同時也體現了餐飲業務的管理水準。

做好餐飲清潔衛生工作，首先必須制定嚴格的清潔衛生標準，這些清潔衛生標準應包括：

⑴廚房作業流程的衛生標準；

⑵餐廳及整個就餐環境的衛生標準；

⑶各個工作崗位的衛生標準；

⑷餐飲服務員的個人衛生標準。

上述衛生標準中的第 2 項是最複雜的，也是最不易堅持始終的工作。餐廳、廚房及環境的衛生標準應落實到餐廳和廚房的下列部位：標誌、門、窗、窗簾、天花板、牆壁、梯、燈具、地毯、地面、地板、護牆板、花木、傢俱、藝術裝飾品、餐廳設備、廚房設備、餐廚通道、空調風口及週圍的環境。

其次，要制定明確的清潔衛生規程和檢查保證制度。清潔衛生規程要具體地規定設施用品、服務人員、膳食飲料等在整個生產、服務操作程式各個環節上的清潔衛生標準以及達到這些標準而應採取的方法及時間限制。

要檢查清潔衛生方面，要堅持經常性檢查和突擊檢查相結合的原則，做到清潔衛生工作制度化、標準化、經常化。

5. 服務技能

服務員的服務技能和服務技巧是服務水準的基本保證和重要標誌。如果服務員沒有過硬的基本功、服務技能水準不高，那麼即使服務態度再好、微笑得再甜美，賓客也只好禮貌地加以拒絕，因

為顧客對這種沒有服務品質和實際內容的服務是根本不需要的。

服務技能的掌握是一個由簡單到複雜,經過長期磨煉、逐步完善的過程。

6. 服務效率

服務效率是服務工作的時間概念,是服務員為顧客提供某種服務的時限。它不但反映了服務水準,而且反映了管理的水準和服務員的素質。服務效率是服務技能的體現與必然結果。

消費心理的統計表明,對就餐顧客來說,等候是最令人感到頭痛的事情。等候抵消我們在其他服務方面所作的努力,較長時間的等候,甚至會使我們前功盡棄。因此,在服務中一定要講究效率,儘量縮短就餐賓客的等候時間。縮短顧客的候餐時間是客我兩便的事情。顧客高興而來滿意而去,餐廳的餐位利用率提高,營業收入增加的良性循環將會逐步形成。

餐飲部門有必要對菜食烹製時間、規程、翻台作業時間,顧客候餐時間作出明確的規定並將其納入服務規範之中,在全體服務人員都達到時限標準後,再制定新的、先進合理的時限要求來確定新的效率標準。餐廳應該把儘量減少甚至消除顧客等候的現象作為服務品質的一個目標來實現。

另外,餐飲服務品質還包括:菜餚特色、菜餚種類、菜餚製作水準與安全、服務環境等內容。

36

餐飲服務品質控制的方法

　　根據餐飲服務的三個階段——準備階段、執行階段和結束階段，餐飲服務品質的控制可以按照時間順序相應地分為預先控制、現場控制和回饋控制。

一、餐飲服務品質的預先控制（第一階段）

　　所謂預先控制，就是為使服務結束達到預定的目標，在一餐前所作的一切管理上的努力。預先控制的目的是防止開餐服務中所使用的各種資源在數量和品質上產生偏差。

　　預先控制的主要內容包括人力資源、物質資源、衛生品質與事故。

1. 人力資源的預先控制

　　餐廳應根據自身的特點靈活安排人員班次，保證開餐時有足夠的人力資源。那種「閒時無事幹，忙時疲勞戰」、開餐中顧客與服務員在人數比例上大失調等都是人力資源使用不當的不正常現象。

　　在餐前，必須對所有員工的儀容儀表做一次檢查。開餐前 10 分鐘，所有員工必須進入指定的崗位，姿勢端正地站在最有利於服務的位置上，女服務員雙手自然疊放於腹前或自然下垂於身體兩

則;男服務員雙手放在背後或貼近褲縫線。全體服務員應面向餐廳入口等候賓客的到來,為賓客留下良好的第一印象。

2. 物品的預先控制

開餐前,必須按規格擺放餐台,準備好餐車、托盤、菜單、點菜單、預訂單、開瓶工具及工作車小對象等。另外,還必須備足相當數量的「翻台」用品,如桌布、餐巾、餐紙、刀叉、調料、火柴、牙籤、煙灰缸等物品。

3. 衛生品質的預先控制

開餐前半小時,對餐廳的環境衛生從地面、牆面、柱面、天花板、燈具、通風口,到餐具、餐台、台布、台料、餐椅、餐台擺設等都要做一遍仔細檢查。發現不符合要求的地方,要安排迅速返工。

4. 事故的預先控制

開餐前,餐廳主管必須與廚師長聯繫,核對前後台所接到的客預報或宴會通知單是否一致,以免因信息的傳遞失誤而引起事故。另外,還要瞭解當日的菜餚供應情況,如個別菜餚缺貨,應讓全體服務員知道。這樣一來,一旦賓客點到該菜,服務員就可及時地向賓客道歉,避免事後引起賓客不滿和投訴。

二、餐飲服務品質的現場控制 (第二階段)

所謂現場控制,是指監督現場正在進行的餐飲服務,使其流程化規範化,並迅速妥善地處理意外事件。這是餐廳管理者的主要職責之一。餐飲部經理也應將現場控制作為管理工作的重要內容。

餐飲服務品質現場控制的主要內容包括服務流程、上菜時機、

意外事件開餐期間的人力。

1. 服務流程的控制

開餐期間，餐廳主管應始終站在第一線，通過親身觀察、判斷、監督、指揮服務員按標準流程服務，發現偏差，及時糾正。

2. 上菜時機的控制

掌握好上菜時機要根據賓客用餐的速度、菜餚的烹製時間等，做到恰到好處，既不要讓賓客等候太久（一般不宜超過 5 分鐘），也不能將所有菜餚一下全上。餐廳主管應時常注意並提醒服務員掌握上菜時間，尤其是大型宴會，每道菜的上菜時間應由餐廳主管親自掌握。

3. 意外事件的控制

餐飲服務是與賓客面對面直接交往，極容易引起賓客的投訴。一旦引發投訴，主管一定要迅速採取彌補措施，以防止事態擴大，影響其他賓客的用餐情緒。如果是由服務員方面原因引起的投訴，主管除向賓客道歉之外，還可在菜餚飲品上給予一定的補償。發現有醉酒或將醉酒的賓客，應告誡服務員停止添加酒精性飲料；對已經醉酒的賓客，要設法讓其早點離開，保護餐廳的和諧氣氛。

4. 開餐期間的人力控制

一般餐廳在工作時實行服務員分區看台負責制，服務員在固定區域服務（可按照每個服務員每小時能接待 20 名散客的工作量來安排服務區域）。但是，主管應根據客情變化，對服務員在班中進行第二次分工、第三次分工……如果某一個區域的賓客突然來得太多，應該從其他服務區域抽調人力來支援，待情況正常後再將其調回原服務區域。

當用餐高潮已經過去，則應讓一部份員工先休息一下，留下另一部份員工繼續工作，到了一定時間再進行交換，以提高員工的工作效率。這種方法對營業時間長的散席餐廳、咖啡廳等特別有效。

三、餐飲服務品質的回饋控制（第三階段）

所謂回饋控制，就是通過品質信息的回饋，找出服務工作在準備階段和執行階段的不足，採取措施，加強預先控制和現場控制，提高服務品質，使賓客更加滿意。

品質信息回饋由內部系統和外部系統構成，在每餐結束後，應召開簡短的總結會，以利不斷改進服務水準、提高服務品質。信息回饋的外部系統，是指來自就餐賓客的信息。為了及時獲取賓客的意見，餐桌上可放置賓客意見表；在賓客用餐後，也可主動徵求賓客意見。賓客通過大堂、旅行社、新聞傳播媒介回饋回來的投訴，屬於強回饋，應予以高度重視，切實保證以後不再發生類似的服務品質問題。建立和健全兩個方面信息回饋系統，餐廳服務品質才能不斷提高，從而更好地滿足賓客的需求。

37

餐飲業的生產品質控制

配菜的品質控制，不僅可以確保品質，同時也是原料成本控制的重要環節，也是出品品質的重要環節。如果每個 500g 的品種多配了 25g 的原料，就有 5%的成本被損失，這種損失即使只有銷售額的 1%，也會對餐飲經營效益造成極大的影響。在生產品質控制上，應做到下列：

1. 做好配菜標準

對每一個品種來說，重要的是做好配菜標準。不要以為這是多餘的工作，事實上，如果配菜標準做不好，就會影響原料成本的流失。

正確的配菜標準，是對構成品種的主料和配料進行標準核定。行業上俗稱「註腳」，每個廚師對品種的理解不同，因而對同一個品種，不同的廚師的「註腳」也不同；每個餐廳的經營要求不同，因而對同一個品種，其「註腳」也不盡相同。

無論怎樣，每個餐廳菜單上的所有品種都應有個「註腳」，這是行政總廚和營業部經理的責任。

2. 嚴格按配菜標準進行配菜

使用稱量、計量和計數等控制工具。即使是熟練的廚師，不進行計量也是很難做到精確無誤的。一般的做法是每配 2 份到 3 份稱

量一次，如果配菜的分量是合格的可接著配，如果發現配菜分量不準，那麼後續的每份都要計量，直到合格為止。

按單配菜。廚師只有接到餐廳的入廚單後才可以配菜，以保證每份配菜都有正確的依據。

形成良好的工作習慣，將失誤減少到最低限度。

3. 對一個部門來說，製作方法只能是惟一的

大凡品種烹調，都可能不止有一種製作方法。對於同一個品種，首先，因地域差異會有不同的搭配，如「佛跳牆」在閩菜的正宗經典裏，是用魚翅、魚唇、海參、魚肚、鮑魚、蹄盤、乾貝、鴨肫、鴿蛋為主要原料，而新派粵菜「佛跳牆」則沒有鴨肫和鴿蛋。其次，因飲食偏好而有不同的制法，閩菜是用罈子煨燜出「佛跳牆」，而新派粵菜則是燉出來的。再次，因師傅理解不同而有不同的味道處理，如「京都排骨」的汁料配方，有的師傅認為把大紅浙醋、陳醋和茄汁及糖按比例調和即可，也有的師傅認為應加上一些香料。

從行業整體來看，應該允許有不同的做法，應提倡在原料、刀工、火候和調味之間的組合關係上的百花齊放，百家爭鳴，只有這樣，烹調技術才得以豐富和發展，行業才有競爭可言。但是，對於某一烹調部門來說，具體品種的製作方法只能是惟一的。雖然從餐飲營銷角度去說，品種應不斷推陳出新，不過，在一定的時期內，任何食品在顧客心目中應保持穩定和連續的形象，假如「京都排骨」的汁醬今天是這個配方，明天是那個配方，一天一個味道，這個品種在顧客心目中就沒有持續的品質形象，這正是餐飲經營的大忌。所以，無論行業上有多少種做法，對一個廚房來說，只能允許一種

做法的存在，也只有這樣，才能真正形成自己的食品特色。

4. 確立品種品質的技術標準

品種品質的技術標準通常是色、香、味、形、刀工、茭頭和搭配。

食品烹調是以手工操作為主，受到烹調方式、人為因素和管理方式的影響，其品質是不穩定的和不確定的。嚴格地說，難以實行標準化烹調，但食品品質管理的基本要求是必須進行標準化管理。因此，食品品質管理的基本矛盾是：一方面難以實行標準化烹調，一方面又要實行標準化的管理。怎樣解決這個矛盾呢？

首先要明白，食品烹調受到多方面原因的影響，不可能像以機械化、自動化生產為主的工業那樣，其品質標準是明確的、具體的、流程的、數量的和可控的，但這不是說食品烹調沒有品質標準可言，而是在某一層面上確立品質標準。如上述的色、香、味、形就是一個層面。對於具體某個品種來說，其品質標準只能是一種理解，或是一種經驗，而不太可能是數量的。

其次，品質標準是相對固定的，所謂相對是指行業與部門而言的。沒有相對固定的品質標準，就難以體現出其獨特的食品風格。管理者應根據自己部門的風格和特點，在某個工作範圍和層次上制訂出切實可行的食品品質標準。相對來說，點心和西廚的烹調比較容易制訂標準，菜餚烹調的品質標準比較為難。

最後，確立品質標準的許可權應該是惟一的和權威的，即由部門技術權威來制訂，否則難以貫徹執行。

5. 簡化技術流程

中國菜馳名世界，以其用料廣博、富於變化和製作精巧而令世

人歎為觀止。但許多聰明人都意識到，值得中國烹調自豪的同時，也有其近憂遠慮，這就是烹調環節繁雜，時間過長，與現在社會節奏和時代要求漸見矛盾。解決這一問題的最佳選擇就是簡化技術流程。

簡化技術流程勢在必行，它至少能夠產生兩種效果：一是提高工作效率，變繁雜為簡單，必然會提高烹調的工作效率，同時也意味著減少了工作量。二是保證工作品質，越是簡單的流程，工作品質就越容易保證，因為在手工操作方式的條件下，簡單的烹調流程總要比複雜的烹調流程要容易控制。

簡化技術流程的方法可是多種選擇的，這裏提供幾點作為參考：第一，儘量使原料進貨半成品化，免去粗加工流程。第二，在原料的加工過程中，應儘量使用機械化或電氣化操作，這樣可以提高效率，還可以使原料加工標準化。事實上，現在的廚房設備條件已經能夠滿足這個要求，而且越來越廣泛應用。第三，利用現代科技成果，革新烹調方法，縮短烹調時間，如微波爐、高壓鍋和紅外線烤爐等。第四，招牌品種的烹調應做到流程化和標準化。

6. 調味醬汁化

食品品質最重要的標準是味道，顧客對食品的感覺最深刻的最直接的也是食品的味道。

在手工操作方式中，原料品質和人為因素互為影響變化，使調味容易產生偏離，時好時壞，尤其是在營業高峰期間的出品，味道不穩定已成為一個通病。所以，食品品質管理一個重要的問題是，怎樣從技術上保證調味的穩定？

此中，醬汁調味法是明智的選擇。

醬汁調味法事實上是傳統烹調的做法，經由粵菜近十幾年的發展，糅合了西餐調味精華而形成的一種調味方法，它可以認為是一種相當有影響的調味趨勢。使用醬汁調味法的好處有三：首先，醬汁調製定量化，每一種醬汁，根據不同的需要就有不同的配方，調製有相對固定的流程，這意味著味道穩定有了良好的基礎。其次，醬汁使用定量化，醬汁之於品種，都有確定的分量，每種分量，都有具體的形態，只要掌握使用分量，就能保證味道的穩定。最後，使用醬汁能提高工作效率，在出品高峰期間，醬汁調味比用炒勺調味的穩定性和效率要高。不過，只是大部份品種可以使用醬汁調味法處理，而不是所有品種都適宜使用。管理者要注意的是，要使醬汁調味法充分發揮作用，關鍵還是醬汁怎樣使用的問題。

7. 充分做好備料工作，確保出品速度

這是指在開餐之前的所有準備工作，技術流程中配菜環節之前的所有備料工作，它包括原料的初加工、刀工處理、醃製、半製作等。

專業烹調的規律之一是「即點即烹」，而且食品是不可儲存的，這意味著顧客沒有點菜之前，菜餚不能預先製好，除非是部份冷菜和湯類燉品，顧客點菜之後，必須以最快速度烹製好菜餚送上台。因此，必須做好原料的備料工作，才能保證應有的出品速度，特別是在出品高峰期間。

做好備料工作，要注意幾個問題：

第一，品種結構要合理。由於品種結構決定了物流過程的運作，所以品種結構越是複雜龐大。備料就越複雜，工作量就越大。從這個角度看，品種結構一般不適宜太多太複雜，「工夫菜」的比

例應保持在合理的範圍，寧願把品種的週期縮短，否則只能增加烹調部門的工作難度。

第二，對於有相當銷量的品種的原料來說，其備料的程度以能馬上進行配菜為度。如「菜炒牛仔肉」的牛肉，其備料應以把牛肉醃好為度，而不是僅僅把牛肉切好，因為醃制好的牛肉能直接進行配菜，保證配菜的工作效率。

第三，對於「偶爾為之」的品種的備料也不能忽視。一些品種不可沒有，也沒可能有很大的銷量，若不注意，往往會因為這些「偶爾為之」的品種影響了整體。

第四，備料以原料的最佳儲存形態為原則。如一些原料經醃制後能儲存的（如牛肉）就醃制好儲存，一些原料不宜醃制儲存就不應醃制，一些原料需作半加工的就以半加工形態儲存，只有這樣，才能保證原料的加工品質和儲存品質及配菜效率。

心得欄 _____

_____

_____

_____

_____

_____

38

經營成本要控制

開餐館的最終目的就是要盈利,而快速盈利也有多種不同的方法,況且一旦餐館開張,每天就會有進進出出的大量而複雜的現金流量,這個時候也是老闆最需要精打細算的時候,要懂得如何獲取確切真實的利潤核算;如何量入為出,降低經營成本;如何開源節流。

餐館老闆都希望餐館生意興隆,希望客人提供美食的同時也把成本降到最低,達到利潤最大化。面對日益激烈的市場競爭,餐館在成本控制的管理上,應籌劃一系列應對策略來降低成本。

一家餐館在經營過程中,只有時刻控制自身的經營成本,才能保證利益達到最大化。在瞭解降低成本的策略之前,我們先看看控制成本有那些具體方法。

成本是任何一家企業生存和發展的重要基礎。對於如今大部份的餐館來說,現在都處於一個「微利時代」,餐館如果不實行或者難以保證低成本運營,這家餐館就難以在競爭激烈的年代生存下去,可謂「成本決定存亡」。當今的市場競爭,是實力的競爭、人才的競爭、產品和服務品質的競爭,也是成本的競爭。

一家餐館的老闆要做好的只有兩件事,一是行銷;二是削減成本。從某種意義上講,成本決定一個企業的競爭力。作為餐館的老

闊，更要轉變傳統狹隘的成本觀念，結合企業的實際情況，充分運用現代化的先進成本控制方法，以增強餐館的整體競爭力，迎接來自四面八方的挑戰。

控制餐館的成本，從任何一個角度來說都是有章可循的，總結起來，主要貫穿於以下幾個環節。

1. 可控費用

菜品成本分為可控成本和不可控成本。這裏所謂的不可控只是相對的，沒有絕對的不可控成本。不可控成本一般是指因企業的決策而形成的成本，包括管理人員薪資、折舊費和部份企業管理費用，因為這些費用在企業建立或決策實施後已經形成，在一般條件下它較少發生變化，所以無論花多大力氣去控制這些較固定的成本都是沒有多少意義的。在生產經營過程中，諸如原料用量、餐具消耗量、原料進價、辦公費、差旅費、運輸費、資金佔用費等都是可以人為進行調控的，對這些費用是要餐館老闆花力氣去控制的。

2. 採購

採購進貨是餐館經營的起點和保證，也是菜品成本控制的第一個環節，要搞好採購階段的成本控制工作，就必須做到以下幾點。

(1)制定採購規格標準，餐館的老闆要對應採購的原料，從形狀、色澤、等級、包裝要求等諸方面制定嚴格的標準。當然，這樣做也並不是要求對每種原料都使用規格標準，一般情況下，只要對那些影響菜品成本較大的重要原料使用規格標準就可以了。

(2)採購人員必須熟悉菜單及近期餐廳的營業情況，在採購時保證新鮮原料足夠當天使用就可以了，一定要避免不必要的浪費和損失。

(3)採購人員必須熟悉菜品原料知識，保證按時、保質保量購買符合餐館需要的原料。

(4)採購時，採購員一定要勤快，要做到貨比三家，儘量以最合理的價格購進優質的原料，另外還要注意儘量就地採購，以減少運輸等採購費用。

(5)餐館老闆要對採購人員進行經常性的職業道德教育，使其始終樹立一切為餐館發展著想，避免產生以次充好或私拿回扣的現象。

(6)在一些規模較大的餐館，餐館老闆可以制定採購審批程序。需要購買食品原料的部門必須填寫申購單，一般情況下由廚師長審批後交到採購部列入採購計劃。如果需求數量超過採購金額的最高限額，應報餐館老闆審批後執行。

3. 驗收

為了控制成本，餐館老闆應該制定一系列原料驗收的操作規程。原料驗收一般分質、量和價格三個方面的驗收。

(1)質。驗收人員必須檢查購進的菜品原料是否符合原先規定的規格標準和要求。

(2)量。驗收人員要對所有購回的菜品原料進行查點，統計、覆核總數量或總重量，主要是要核對交貨數量是否與訂購數量、發票數量一致。

(3)價格。這一點就比較明晰，主要檢驗購進原料的價格是否和所報價格一致。

經過驗收，如果以上三方面出現任何一點不符，餐館老闆都應拒絕接受出現問題部份的原料，餐館的財務部門也應拒絕付款。一

旦出現這種情況，餐館老闆要及時與原料供應單位取得聯繫調換或進行其他處理。

4. 庫存

餐館的庫存是菜品成本控制的一個重要環節，如果庫存出現不當就會引起原料的變質或丟失等後果，從而造成菜品成本的增高和利潤的下降，餐館老闆的損失也不言而喻。

在一家餐館中，原料的儲存保管工作必須由專人負責。保管人員應負責倉庫的安全保衛工作，未經許可，任何人不得進入倉庫。

餐館業是一個快速消費的行業，餐館在購進菜品原料以後，要迅速根據其類別和性能放到適當的倉庫，並在適當的溫度中儲存。一般餐館都設置有自己的倉庫，如乾貨倉庫、冷藏室、冰庫等。原料不同，倉庫的要求也不同，總體來講，倉庫的基本要求是分類、分室儲存，保證菜品乾淨新鮮。

具體操作方面，餐館所有庫存的菜品原料都要註明進貨日期，以便做好存貨的週轉工作。在發放原料時一定要遵循「先進先出」的原則，即保證「先存原料早使用，後存原料晚使用」。

另外，倉庫的保管人員還必須經常檢查冷藏、冷凍設備的運轉情況以及各倉庫的溫度，做好倉庫的清潔衛生，從食品源頭防止蟲、鼠對庫存菜品原料的危害和破壞。

此外，每月月末，保管員必須對倉庫的原料進行盤存，該點數的點數，該過秤的過秤，堅決不能估計盤點。盤點時，原料的盈虧金額與本月的發貨金額之比原則上不能超過 1%。

5. 原料發放

原料的發放控制工作有以下兩個重要方面。

⑴未經批准，餐館的任何人員不得隨意從倉庫領料。

⑵領取原料時，只准領取所需的菜品原料。

為此，餐館老闆在管理中必須健全領料制度，如今大部份餐館使用的最常見的方法就是使用領料單。領料單一式四份，一份留廚房，一份交倉庫保管員，一份交成本核算員，一份送交財務部。一般來說，廚房應提前將領料要求通知倉庫，以便倉庫保管員早作準備。

6. 粗加工

粗加工過程中的成本控制工作主要是要科學、準確地測定各種原料的淨料率，盡最大限度地降低原料成本。為提高原料的淨料率，就必須做到以下幾個方面。

⑴粗加工時，餐館老闆要督促廚房工作人員嚴格按照規定的操作程序和要求進行加工，達到並保持應有的淨料率。

⑵對成本較高的原料，可以先由有經驗的廚師進行試驗，提出最佳加工方法，然後在整個廚房中推廣執行，從而統一加工方法，降低不必要的物質消耗。

⑶對粗加工過程中的剔除部份（如肉骨頭等）應盡量做到回收利用，提高其利用率，做到物盡其用，以便降低成本。

7. 切配

切配是決定主、配料成本的重要環節。切配時應根據原料的實際情況，以整料整用、大料大用、小料小用、下腳料綜合利用為基本原則，盡可能降低菜品成本。

一般的餐館都實行菜品原料耗用配量定額制度，並根據菜單上菜點的規格以及品質要求嚴格進行配菜。所以在具體操作中，原料

耗用定量一旦確定，就必須制定菜品原料耗用配量定額計算表，並認真執行。在餐館中一定要避免出現用量不足、過量或以次充好等情況。另外，菜品的主料要過秤，不能憑經驗隨手抓，力求保證菜點的規格與品質。

8. 烹飪

餐飲產品的烹飪，一方面直接影響菜品品質；另一方面也與成本控制密切相關。菜肴烹飪對菜品成本的影響主要有以下兩個方面。

(1)調味品的用量。以烹製一款菜為例，操作時所用的調味品越少，在成本中所佔比重就越低。但是，從餐飲產品的總量來看，所耗用的調味品及其成本也是相當「可觀」的，特別是油、味精及糖等大眾調味品。所在在烹飪過程中，一定要指導廚師嚴格執行調味品的成本規格，這樣不僅能保證菜品品質較為穩定，也可以降低操作成本。

(2)菜品品質及其廢品率。在烹飪菜肴的過程中，應大力提倡一鍋一菜、專菜專做，並要求廚師嚴格按照操作規程進行操作，掌握好烹飪時間及溫度。

如果有客人來餐館就餐，對菜品提出意見並要求調換，就會影響餐館整體的服務品質和菜品成本。因此，餐館老闆一定要督促每位廚師努力提高自己的烹飪技術和菜品創新能力，做到合理投料，力求不出或少出廢品，只有這樣才能有效地控制烹飪過程中的菜品成本。

9. 銷售

餐館在銷售環節的成本控制主要包括兩方面的內容，一方面是

如何更為有效的促進菜品的銷售；另一方面是如何確保售出的菜品全部有銷售利潤回收。

這一階段控制的重點是進行系列的銷售分析，及時處理銷量低和存在滯銷現象的菜品。為此，餐館老闆首先需要對菜品銷售排行榜進行分析，餐館老闆不僅能發現客人對菜品的有效需求，更能促進整體餐館菜品的銷售。實際操作上，餐館老闆要善於利用這一分析結果，對那些利潤高、受歡迎程度高的「明星菜肴」進行大力包裝和推銷，可以開發成「總廚推薦菜」，作為餐館的特色招牌；另外，對利潤高，受歡迎程度較低的菜品要查找原因，適當進行調整和置換，以提高銷售效率和利潤率。

10.服 務

在服務過程中，餐館服務人員產生的服務不當也會引起菜品成本的增加，主要表現為以下幾個方面。

⑴服務員在填寫菜單時沒有重覆核實客人所點的菜品，以至於上菜時發生客人說沒有點此菜的現象。

⑵服務人員偷吃菜品而造成數量不足，引起客人投訴。

⑶服務人員在傳菜或上菜時打翻菜盤、湯盆，導致菜品成本翻番。

⑷傳菜差錯。例如，傳菜員將 1 號桌客人所點菜品錯上至 2 號桌，而 2 號桌客人又沒說明，導致菜品產生重覆成本。

鑑於上述現象，餐館老闆必須加強對服務人員的職業道德教育，可以進行經常性的業務技術培訓，使服務人員端正自己的服務態度，樹立良好的服務意識，提高服務技能，並嚴格按規程為客人服務，力求不出或少出差錯，儘量避免「人工」降低菜品成本的現

象。

11. 收款

控制成本，餐館老闆不僅要抓好原料採購、菜品生產、服務過程等方面，更要抓好收款控制，這樣才能保證盈利。收款過程中的任何差錯、漏洞都會引起菜品成本的上升。因此，餐廳的經營管理人員必須控制好以下幾個方面。

(1)防止漏記或少記菜品價格和數量。

(2)在帳單上準確填寫每個菜品的價格。

(3)結帳時核算正確。

(4)防止漏帳或逃帳。

(5)嚴防收款員或其他工作人員的貪污、舞弊行為。

心得欄

39

餐館環境衛生

　　人們對飲食的第一要求是「衛生」，其次要求食品營養均衡，再次才是對食品「色、香、味」的要求。常言道「病從口入」，餐館衛生直接關係到賓客的飲食健康，提供合乎衛生標準的餐飲產品是餐館的基本要求和重要職責。

　　衛生是餐館生存下去的基本條件，若不注意餐館衛生，不僅會影響個人的健康，也可能波及整個社會，其中問題的嚴重性及重要性，是每個餐館經營者都不應輕視的事情。清新幽雅、整潔衛生的飲食環境給賓客一種溫馨的感受，並能給餐館帶來更多的回頭客。及時有效的衛生管理需要餐館制定一個科學全面的衛生標準。

一、餐館的衛生問題

　　有的餐館雖然菜肴很可口，但餐館的環境很差，連日常消毒都達不到衛生要求，這就直接影響餐館服務的品質。所以餐館老闆要特別重視餐館服務的環境衛生，無論設備、條件多麼有限，都要把好衛生關，為顧客提供飲食安全，創造良好的用餐環境。

　　清新幽雅、整潔衛生的飲食環境給顧客一種溫馨的感受，並能給餐廳帶來更多的回頭客。整體的衛生管理需要餐廳制訂一個全面

的衛生計劃。計劃包括：清潔的程序控制表、技術及方法、項目、區域、標準等。

1. 店面清潔

店面對於一家餐館來說是非常重要的一個部份，店面必須保持清潔。櫃台上的各種飲料及灑水必須保持整齊，這樣才能給人一種井然有序、有條不紊的感覺。店面保持清潔應做到以下幾點。

⑴地面須經常清潔打掃，並用拖把擦拭乾淨。如鋪設有地毯，則每月至少應對地毯做徹底的吸塵兩次，並加以消毒處理，以免積塵藏垢。

⑵桌上擺設品要保持清潔、乾淨，如有損壞，應立即更換。

⑶桌面、椅子要每日擦洗，如有損壞，則應立即更換，以免造成人員傷害。

⑷台布要每日換洗、消毒，如有破損，則應立即更換，不可繼續使用。

2. 菜單清潔

在餐館進餐，經常會碰到這樣一種情況，當您拿起菜單準備點菜時，卻發現菜單上沾滿了灰垢和油漬。由此可見，菜單不清潔是一種普遍存在的現象。而這恰恰是許多餐館老闆在衛生方面沒有考慮週全的一個弱點。

要知道，儘管菜單不是用來吃的，只是用來點菜用的，但沾滿油漬和灰垢的菜單同樣會使客人對餐館衛生狀況的「印象」大打折扣。

保持菜單清潔同樣是餐館衛生的一個重要組成部份，必須給予足夠重視。

3. 廚房清潔

對於一家餐館的經營和客人來店裏就餐來說，所有的飯菜都是在廚房裏做出來的。所以，廚房衛生直接反映整個餐館衛生水準的高低。也就是說，廚房衛生是餐廳裏一切衛生的基礎。廚房衛生應做到以下基本要求。

⑴廚房內應保持清潔、乾淨，不可堆放雜物。

⑵保持空氣流通，照明亮度適中。

⑶工作人員不可在工作台上坐臥，也不能在廚房內吸煙、飲食。

⑷廚房內不應含有灰塵及油垢堆積，產生的垃圾也應分類處理，並緊封垃圾袋口，以防蟲害及鼠、貓擾亂。

此外，只有加強對廚師及廚房其他工作人員的管理，才能達到廚房衛生的標準。因此必須做好以下工作：廚房工作人員應注重個人衛生，養成良好的衛生習慣；廚房工作人員患有傳染性疾病時，應立即中止工作；洗菜工、洗碗工要正確對待餐具的衛生保潔工作；餐館的老闆必須嚴格要求廚房工作人員，，讓他們認識到自己所做工作的重要性。

4. 設備清潔

設備清潔對一家餐館來說至關重要。有些設備是顧客能夠直接看見的，若不注重衛生，會影響顧客的食慾和整個餐館的形象；有些設備顧客雖然看不見，但同樣若不注重衛生，不僅會影響顧客的身體健康，同時也是餐館經營的隱患。設備清潔包括以下幾個方面。

⑴為了使冷氣設備達到合格的清潔標準，最好的辦法就是制定每週清洗過濾系統計劃。一套完善的冷氣系統，應能將可溶性物質、細小固體、懸浮物沉澱除去，並達到除去多餘水氣和恒溫的目

的，同時使相對濕度達到一定標準。

⑵爐竈、烹飪器具應保持清潔，最好的辦法就是在使用後立即清洗乾淨。

⑶冷藏設備應定期除霜、清理，不要儲存過期物品。

⑷垃圾處理設備及抽油煙機也應定期清洗、保養。

⑸洗碗機保養與清洗，這項操作也很簡單，只要根據廠商所附保養使用手冊的程序操作。

⑹洗碗盤前，洗碗工可以先用橡皮刮刀將多餘的油污殘看刮到餿水槽內，再放進洗碗機內清洗。這樣比較容易清洗，並節約用水、注意洗潔精的劑量，太少洗不乾淨，太多則會使碗盤殘留清洗劑，對人體產生重大的傷害。因此，可先試洗幾次，找出最佳的洗潔精劑量作為清洗標準。

二、廳面衛生常清理

餐館廳面是客人進入餐館的主要區域，也是客人等候就餐的區域，有的餐館的散台也設置在廳面。因此，廳面衛生是反映餐館整體形象的重要部位。

1. 餐館廳面的衛生清潔工作

餐館廳面的衛生清潔直接向客人反映出這家餐館整體的衛生程度，所以，做好廳面的衛生工作，可以為餐館帶來良好的口碑和信譽。餐館廳面的主要清潔工作是除塵、倒煙灰、整理客人坐席等幾個方面。

⑴除塵。廳面的服務員必須不斷地巡視各個地方，隨時抹塵，

保證整體環境的清潔；隨時注意紙屑雜物，一旦發現要及時清理。

⑵推塵。餐館廳面的地面必須用拖把時刻不停地進行推塵，使地面保持光潔明亮。遇到下雨的天氣，服務員可以事先在大門口處鋪上腳踏毯和小地毯，同時還要注意增加拖擦次數，另外還要及時更換腳踏毯和小地毯。在餐館門口，也要放置雨傘架和備用塑膠袋，讓客人可以直接將雨傘、雨披等雨具存放在門口，從而最大限度地防止雨水滴漏到廳面地面，避免重覆清潔的次數。

⑶倒煙灰。對大多數餐館來說，很長一個時間段內還是會接納煙民的。所以，做好餐館廳面等侯區的煙灰清理工作也是餐館老闆需要注意的一個細節。廳面的服務員要注意及時傾倒離席客人留下的煙灰和煙蒂，擦拭煙灰缸，一般來說，煙灰缸內的煙蒂不能超過3個。到了非就餐時間，服務員要主動更換所有餐桌上的煙灰缸，更換時要使用託盤，注意用乾淨的煙灰缸蓋住髒的煙灰缸，一起放入託盤內，之後將煙灰缸清理乾淨後，同樣要使用託盤，將乾淨的煙灰缸擺回原處。

⑷整理坐席。餐館廳面人來人往，客人離去以後，服務員要對客人使用過的餐桌、餐椅等進行及時清理，調整歸位，保證廳面的客流量和桌椅使用效率。

⑸其他工作。另外，對在餐館營業高峰不便進行的清潔工作，可以調整時間，安排在客人活動較少或者晚間下班以後進行詳細的清理和整潔。

2. 廳面衛生管理十法則

⑴餐館廳面要保持整潔，廳面地面、牆壁、門窗、暖氣、冷氣機、桌椅等要做到整齊乾淨，客人就餐區內要保證沒有昆蟲和老鼠。

⑵在就餐前一小時以內將餐具擺上餐台，餐具擺台後或有客人就餐時不要清掃地面。

⑶如果超過當次就餐時間，還有一部份未使用的餐具，服務人員要把所有未使用的餐具統一回收，送至廚房經過再次消毒、保潔、儲存。

⑷服務人員發現或被顧客告知所提供的食品有異味或者變質時，要馬上把問題食品撤換，同時告知有關備餐人員。備餐人員需要立即檢查被撤換的食品和相關同類食品，做出相應處理，確保供餐安全衛生。

⑸在向顧客配送直接入口的食品時，服務人員要使用專用工具對食品進行分檢、傳遞，專用工具要定位放置，防止污染。

⑹消毒後的餐巾、餐紙在專台折疊，定位保潔存放，工作人員折疊前洗淨並消毒雙手；不向用餐者提供非一次性餐(紙)巾及非專用口布。

⑺餐桌上擺放供客人自取的調味料應符合相應衛生要求，盛放容器清潔衛生，做到一日一清洗消毒，盛放的調味料一日一更換。

⑻廳面空氣流通，保證空氣新鮮、沒有異味；供用餐者使用的洗手設施要保持整潔、完好，洗滌用品充足。洗手台應備有符合比例要求的消毒溶液供就餐者使用。

⑼餐館要提倡分餐方式供餐與就餐，做到每個菜品的容器中備有公用筷及公用勺。

⑽使用工具售貨，做到貨款分開，包裝紙、塑膠袋等食品包裝材料要符合衛生標準要求。

三、切勿輕視洗手間

一些經驗豐富的「食客」都有這樣的經驗，那就是看一家餐館夠不夠氣派，不要看它的門面，而要看它的廁所！

門面大家都會裝，但是在廁所這樣的細節部份，大多數的餐館還是無暇顧及的。這其中的道理很簡單，客人進餐館，首先關注的是店面的格局、裝潢、環境佈置；其次是菜譜、價格；再其次是餐桌、餐椅、餐具……一般到了末了才輪到廁所。所以絕大多數餐館不會願意把空間和錢放在一個被人遺忘的角落。

然而，作為反映一家餐館衛生狀況的最直接的地方，洗手間的衛生恰恰能映襯出這家餐館在細節上的成敗。因此，無論大餐館、小餐館，洗手間的衛生都是一個給自己一個好名聲、輕鬆證明自己的「亮點」。

那麼，洗手間都有那些衛生標準？餐館的老闆又該如何來保證這個小小空間裏的衛生情況呢？

一般來說，中檔規模的餐館可以根據客流量大小和洗手間設備的具體狀況確定一個清潔頻率，注意保證一個最基本的規格水準。另外，當餐館有重大接待活動或者其他事項時，餐館老闆要記得臨時安排一些服務員專門清理相關的洗手間。

在具體清潔工作上，洗手間主要是擦拭水跡、設備器件以及鏡面等部位，同時還要注意隨時補充清潔用品。如果需要進行特別清掃的地方可以暫時關閉洗手間，這時一般要在洗手間的門外放置一個明顯的告示牌，向客人提示說明關閉洗手間的原因，並詳細指明

附近洗手間的具體位置。

洗手間佔地面積雖然很小，但一定要保證清潔衛生。對於洗手間的全面清潔，餐館老闆可以安排在晚間或者白天客人較少的時候進行，一般為 2～3 次，時間上來看，白天一般可以安排在上午 9～10 點鐘，下午可以安排在 3～4 點鐘。

成熟的餐館，應該在餐館洗手間內下功夫，中檔次餐館的洗手間應該達到如下衛生標準。

⑴首先，洗手間內不能有異味。

⑵洗手間的地面，洗手盆的台面要保證沒有積水、紙屑或其他汙物。

⑶洗手間的牆面，門應保持乾淨，沒有污痕。

⑷洗手盆的台面上不應擺放抹布、板刷等工具，這類清潔用具應置於客人看不到的地方。台面上的綠化植物無黃葉，葉面清潔。綠化盆及底碟乾淨、潔白、無塵土、無積水。

⑸洗手盆的內側不能含有污垢。水龍頭應保持光亮。

⑹自動乾手器的外表要清潔乾淨，出風口不能充滿汙跡。洗手間裏的插座、電源線等要力爭乾淨，沒有黑跡。

⑺洗手間應備足洗手液，並保持盛放洗手液的器皿外表面清潔衛生。在洗手液的用量上也有「講究」，洗手液的含量在低於器皿的一半時，工作人員應該主動加液。

⑻洗手間內的燈具要保持完好，所安裝的排風扇也要能保持正常工作。

⑼洗手間應備有鏡子，鏡子的表面應沒有任何汙跡，沒有水珠，並且一定要有光潔度。

⑩建設洗手間的目的當然是為了人們「方便」使用的，所以在洗手間內，對大便池、小便池等主要設備，要保持使用正常，內、外壁保持乾淨，便池中沒有雜物和汙物。

⑪在洗手間的小便池內，工作人員可以放置 5～7 顆樟腦丸，以保持洗手間整體空氣清新自然。

⑫在洗手間的小便池旁邊應放置煙灰缸，同時，工作人員要時常留意煙灰缸，發現裏面有一個煙蒂就要及時更換乾淨的煙灰缸，以保護整體環境整潔。

⑬工作人員在發現洗手間的紙簍內便紙超過 1/2（自然狀態）時，要及時更換新垃圾袋。一般情況下，紙簍內的垃圾不可滿過其容積的 2/3。

⑭洗手間應備足衛生紙，方便客人隨時使用。

⑮洗手間內的清潔工具要擺放整齊，保證拖桶清潔。

⑯洗手間專用拖把與外場專用拖把應分開使用。

⑰男洗手間內立式尿槽應清潔光亮，槽內無異物、無污漬、無異味。

⑱晚班工作人員應將洗手間門口的地毯及洗手間的傢俱搬開清洗乾淨並晾乾，用地刷刷洗地面。

40

餐館成本的控制技巧

隨著市場環境的變化，競爭對手越來越多，市場競爭日趨激烈，高利潤時代已經成為過去。

如何在有限的客源和有限的收入基礎上獲得最大的收益，是每一位餐飲從業者的最大難題。因而，餐館在進行資金的再投入和地盤上擴張的同時，需要加強生產經營各環節的成本控制，透過強化內部管理堵住成本消耗，控制成本以達到降本增效目的。

一、餐館成本預算

1. 餐館成本控制

⑴餐館成本控制的概念

餐館成本是指餐館在生產餐飲產品時所佔用和耗費的資金，即製作和銷售餐飲產品所發生的各項費用，它包括製作菜點的各種食品原料成本，管理人員、廚師與服務員等的薪資，固定資產的折舊費，食品採購和保管費，餐具和用具等低值易耗品費，燃料和能源費及其他支出等。因此，餐館成本的構成包括食品原料成本、人工成本和經營費用。

餐館成本控制是指在餐館經營中，餐館管理人員按照餐館規定

的成本標準，對餐飲產品的各成本因素進行嚴格的監督和調節，及時指出偏差並採取措施加以糾正，以將餐飲實際成本控制在計劃範圍之內，保證實現企業成本目標。此外，現代餐館成本控制還包括控制餐飲食品的成本，使之不高於相同級別的餐館的食品成本。同時，控制餐飲經營費用，使之不高於相同級別的餐館，以提高餐館在市場上的競爭力。

餐館成本控制貫穿於餐館成本形成的全過程，即凡是在餐館製作和經營成本形成的任何過程中影響成本的因素，都應成為餐館成本控制的內容。餐館成本形成的全過程包括食品原料的採購、儲存和發放，菜肴的加工、烹調和銷售(服務)等。所以，餐館成本的控制點較多，而每一個控制點都應當有自己的控制措施，否則，這些控制點便成了洩露點。

(2)餐館成本控制的程序

①制定標準

a.品質標準。品質標準包括原料、產品和工作品質標準。從某種意義上講，確定品質標準是一個評定等級的過程。例如，食品原料有不同的等級，要做好採購工作，餐館管理人員必須規定應選購那種等級的食品原料。

b.數量標準。數量標準指數量、分量等計量標準。例如，餐館管理人員必須確定每份菜肴的分量、每杯飲料的容量、員工生產產量等數量標準。

c.成本標準。成本標準通常稱為標準成本。標準成本是對各項成本和費用開支所規定的數量界限。此外，被制定出的標準成本必須有競爭力。餐館管理人員可透過測試，確定標準成本。例如，某

種酒每瓶成本為 80 元，有 32 盎司，每杯酒為 1 盎司，因此，每杯酒的標準成本為 2.5 元。

d.標準程序。標準程序指日常工作中，生產某種產品或從事某種工作應採用的方法、步驟和技巧。餐館管理人員必須為食品和飲料控制循環的各個階段制定標準程序。

②實施成本控制

實施成本控制就是依據餐館制定的標準成本，對成本形成的全過程進行監督，並透過餐館的每日或定期的成本與經營情況報告及餐館管理人員現場考察等信息回饋系統及時揭示餐館成本的差異，實行成本控制不能紙上談兵，一定要落實在實踐上，餐館管理人員不能只看報表，一定要對餐飲產品的實際成本進行抽查和定期評估。

③確定成本差異

成本差異是標準成本和實際成本的差額。餐館管理人員透過對餐飲產品的製作和銷售中的實際成本和標準成本的比較，計算出成本差額(包括高於標準成本和低於標準成本兩個方面)並分析差異的原因和責任，從而為消除這種成本差異做好準備。此外，本餐館的食品成本高於市場上同級別餐館的食品成本或企業的餐飲經營成本高於同行業的水準，也屬於成本差異。餐館必須及時消除這種差異，否則，會導致經營失敗。

④消除成本差異

餐館管理人員透過組織職工挖掘潛力，提出降低或改進成本的新措施或修訂原來的標準成本的建議，或對成本差異的責任部門和個人進行相應的考核和獎罰等一系列措施，使他們重視成本控制，

並加強生產和經營的管理,以使實際成本儘量接近標準成本。

2. 留有預算心不慌

開餐館前,投資者最好聘請有專業知識或經驗豐富的餐飲投資、經營專家,在經過充分的市場調查後,評估最有投資價值的店址、確定經營定位,然後對籌建及開業費用進行預算,通常預算要有根有據,且顯示在業務表上,透過預算,可以讓投資者知道多長時間能收回自己的投資以及能賺取多大的利潤。投資餐館的預算主要分以下六個部份。

(1)對初期費用進行估算

包括用於會計核算、法律事務以及前期市場開發的費用,還有一些電話費、交通費之類的管理費用。貸款利息,可根據銀行的貸款利率進行估算。如果經營者都是用自己的資金投資,也可按貸款計算其利息,憑此反映籌建費用的全貌。

(2)對租賃場地費用進行預算

①聘請專業諮詢師對房屋進行租賃估算。

②租賃場地費要考慮週全,包括公共設施、車位、垃圾台等都要預算清楚。

③租賃場地費估算最好按每平方米每日多少元計算,不要按月或按年統計算出。

④租賃場地費用估算要參照週圍出租費用行情。

(3)對裝修費用、設備設施費用進行估算

餐飲店的裝飾包括門面、廳面、廚房三個大的方面,中小餐館門面和廳面裝飾應以簡潔、明亮、衛生、雅致為主。廚房裝修應以衛生為主,結合方便廚師、工作人員操作,便於油煙、污水排放功

能考慮。能節省則節省，避免豪華裝飾以減少營業前期投入過多的費用。在估算設備、設施費用時，還應包括運輸費和安裝調試費。設施和設備包括廚房中的烹飪設備、儲存設備以及冷藏設備，運輸設備，加工設備，洗滌設備，冷氣通風設備，安全和防火設備等。

⑷對傢俱和器皿費用的估算

傢俱費用主要指辦公傢俱、員工區域傢俱、賓客區域傢俱等。器皿主要是指對餐館、廚房經營用的瓷器、玻璃器皿、銀器、工作服等物料用品，應先根據確定的餐館服務方式和桌位數，計算出各種傢俱和器皿需要的數量，再根據市場價即可進行估算。

⑸勞力成本的估算

餐館勞力成本由管理人員、服務人員及廚師的薪資組成。可按不同人員的薪資標準乘以人數來估算。各類人員的薪資水準，在當地都有平均薪資標準可供參考。

⑹對運營費用進行預算

運營費用包括行銷費用、廣告費用、培訓員工的費用等。還應該考慮不可預見的準備金，一般為前幾項總和的 5%～30%。

一般來講，需要準備比上述資金預算更為寬裕的資金，才能在發生意外成本時從容不迫地應付。從資金籌備來說，如果你的資金有限，那麼你就必須對在資金的限度之內對餐館的規模、檔次及從籌建到正常運作的時間嚴格控制，儘量避免浪費資金和時間。如果資金比較雄厚，還可以考慮餐館的經營模式和各類附屬功能，從一開始就可以著手制定比較長遠的經營戰略，開展餐館的行銷，充分利用資金。

二、人工成本控制

人工成本主要包括用工數量和職工的薪資率控制。所謂用工數量主要指用於餐飲生產和經營的工作時間數量，職工的薪資率是餐飲生產和經營全部職工的薪資總額除以職工生產和經營的工時總額。人工成本控制就是對餐飲生產和經營總工時、工作人員的薪資總額、用工操作標準、工作生產率等方面進行控制。現代化的餐飲經營和管理應從實際生產和技術出發，充分挖掘職工潛力，合理地進行定員編制，控制非生產和經營用工，防止人浮於事，以定員、定額為依據控制餐飲生產和經營職工人數，使薪資總額穩定在合理的水準上。

1. 用工數量控制

在人工成本控制中，首先是對用工數量的控制，也就是對工作時間的控制。做好用工數量控制在於儘量減少缺勤工時、停工工時、非生產和服務工時等成分，提高職工出勤率、工作生產率及工時利用率，嚴格執行。

(1) 用工時間的控制

根據各餐館的營業量及操作標準、工作效率等指標，管理人員應確定各餐館的標準工時數。餐館的經營要將實際工時控制在允許的範圍內。員工實際工時超過勞力安排的標準工時數時，餐飲實體就會承擔不必要的額外工時薪資成本，這些不必要的開支是潛在的浪費。當然，不能機械地看待餐館的工時指標。如果餐館的工時數經常超過標準工時，既要考慮是否存在勞力成本浪費，也要分析是

否是營業量已超過現有員工的負荷量，如果營業量的變動已超過一定限度，就應增加員工人數，增加標準工時數。

⑵人員數量的控制

餐館人員數量的確定要基於定員定編原則和員工薪資構成原則，定員定編的方法有很多，在不同的領域方法也不一樣，例如在火鍋店、小吃店、熱炒菜、西餐店、麵館中，定員定編的方法是不一樣的。一般來說，定員定編要遵循以下原則。

①定員定編要適度。不管是大型餐館還是中小型餐館，它的員工基本上都是以外地務工人員為主，隨著農業稅的取消以及物價上漲，餐館越來越難以招聘到合適的工作人員。面對著招工難的問題，如果企業的管理太嚴格，束縛力太強，就會造成員工頻繁跳槽。在這種矛盾下，企業只能按照適度的原則來解決。

②定員定編必須切合實際。要把合適的員工安排在適當的位置，並按勞分配、按勞取酬、崗位定級。

③餐館員工的薪資分配比例要合理。一般來講，餐館管理人員的薪資肯定要高於普通員工的薪資，員工的薪資要與企業的效益掛鈎，獎懲要分明，這樣才能激發員工的積極性。

2. 薪資總額控制

為了控制好人工成本，餐館應控制好人員的薪資總額，並逐日按照每人每班的工作情況進行實際工作時間與標準工作時間的比較和分析，並做出總結和報告。

訓練不夠的員工，工作效率自然不高，生產率也難以提高；疲憊不堪的員工，服務的品質也會降低，而這些都會影響人事費用的支出。有效分配工作時間與工作量，並施以適當、適時的培訓，也

是控制人事成本的法寶之一。

人事成本包括薪資、加班費、員工食宿費、保險金及其他福利，其中薪資成本的開銷最大，約佔營業總收入的兩成至三成，主要依其經營風格的差異及服務品質的高低會略有浮動。

(1)薪資成本的控制方法

一般而言，餐館管理者應先設定服務品質的標準，仔細考量員工的能力、態度及專業知識，然後制定出預期生產率。如果實際生產率無法達到預估的水準，那就是管理者要徹底分析採取行動的時候了。

①決定標準生產率

標準生產率可由兩種方法來制定，一是依據每小時服務賓客的數量，另一個是依據每小時服務的食物份數(此法適用於套餐服務方式)。這兩種方法都可以清楚算出服務人員的平均生產率，可作為排班的根據。

②人員分配

根據標準生產率，配合來客數量的不同來分配。分配時需注意每位員工的工作量及時數是否合適，以免影響工作品質。

③由標準工時計算出標準薪資

大概地預估出標準的薪資費用，然後與實際狀況比較、分析，作為餐館管理者監控整個作業及控制成本的參考。

(2)降低薪資成本的方法

餐飲業種類的不同，對員工水準的需求也不同，薪資成本的結構自然也不一致。如果餐館管理者評估發現薪資成本過高，不符合營運效益時，除了要重新探討服務標準的定位外，也可採取下列步

驟。

①用機器代替人力，例如以自動洗碗機代替人工洗碗。

②重新安排餐館內外場的設施和動線流程，以減少時間的浪費。

③工作簡單化。

④改進分配的結構，使其更符合實際需要。

⑤加強團隊合作精神培訓，以提高工作效率。

3. 提高工作生產率

控制餐飲勞力成本的最終目的，是提高餐館的工作生產率，獲得最佳經濟效益。

(1)提高工作生產率的意義

在日常管理過程中，餐館常用兩個指標來衡量工作生產率：人均毛利額和勞動分配率。

人均毛利額是衡量員工人均創造的效益。人均毛利額越大，說明餐飲實體的勞力成本率就越低，經濟效益就越好。可以用以下公式來計算：

人均毛利額＝(銷售額－食品飲料原料成本)/員工總人數

勞動分配率表示人工費用佔毛利額的比例。勞動分配率的數值與工作生產率成反比，勞動分配率越低，說明餐館的勞動力成本率越低，而工作生產率越高。

勞動分配率＝人工費用/毛利率×100%

從以上指標可以看出，如果餐館節約開支增加收入，即增加了毛利額，而員工的人數不變，餐館的勞力成本率相對降低，工作生產率就提高了。如果餐館的毛利額不變，而要增加員工的薪資費

用,那麼就提高了勞動分配率,增加了勞力成本。可見,在積極開拓市場增加收入的基礎上,合理安排員工工作,儘量減少僱用員工數量,減少人工費用,提高工作生產率,是增加餐飲實體效益的重要措施。進行勞力成本控制時,應對餐館人均毛利額和勞動分配率進行分析和考察,以對勞力成本控制的效果做出正確評價。

(2)提高工效、降低成本的方法

①選擇適合自己的辦法。每個餐館的情況不同,所以要選擇適合自己的人員定編辦法。不管選擇那一種方法,一定要做到節約成本,要精簡人員,精簡要講究適度,讓每個員工的工作量飽滿,但也不能過於疲勞。

②僱用一專多能的複合人才。這是目前也是將來用人的一種趨勢。如某餐館既經營小吃也經營火鍋,中午吃火鍋的賓客少,吃小吃的賓客卻非常多,到了晚上正好相反。這種情況下,餐館最好能採取一人多能的僱用模式,即負責小吃的人員必須懂得火鍋的做法和流程,負責火鍋的人員也得懂得小吃的做法和流程。小吃方面忙碌的時候,火鍋工作人員就可以過來幫忙,火鍋忙碌的時候,小吃方面的員工也可以過去幫忙,這樣既做到了精簡人員,還提高了工作效率,消除了忙閑不均的現象。

③按 10%比例配備勤工儉學人員。餐館可以按 10%的比例配備勤工儉學人員,這樣既可以節省費用,也可以為自己擴大社會影響力和知名度。

④進行人性化管理。餐館要用人性化管理去激勵員工的工作熱情,提高員工的效率。

41

餐館銷售控制

　　銷售控制的目的是要保證廚房生產的菜品和餐館向賓客提供的菜品都能產生收入。成本控制固然重要，但銷售的產品若不能得到預期的收入，則成本控制的效率就不能實現。

　　假如餐館售出金額為 1000 元的食品或菜肴，耗用原料的價值為 350 元，食品成本率為 35%。如果餐館銷售控制不好，只得到 900 元的收入，則成本率會提高至 38.9%，這樣毛利額就減少 100 元，成本率就提高 3.9%。

　　由此可見，對銷售過程要嚴格控制。如果缺乏這個控制環節，就可能出現有的人內外勾結、鑽制度空子、使餐館利潤流失等問題。銷售控制不力通常會出現以下現象。

　　①**吞沒現款**。對賓客訂的食品和飲料不記帳單，將向賓客收取的現金全部吞沒。

　　②**少計品種**。對賓客訂的食品和飲料少記品種或數量，而向賓客收取全部價款，二者的差額，裝入自己腰包。

　　③**不收費或少收費**。服務員對前來就餐的親朋好友不記帳也不收費，或者少記帳少收費，使餐館蒙受損失。

　　④**重覆收款**。對一位賓客的菜不記帳單，用另一位賓客的帳單重覆向兩位賓客收款，私吞一位賓客的款額。在營業高峰期往往

容易造成這種投機取巧的空子。

⑤ **偷竊現金**。收銀員（或服務員）將現金櫃的現金拿走並抽走帳單，使帳、錢核對時查不出短缺。

⑥ **欺騙賓客**。在酒吧中，將烈性酒沖淡或售給賓客的酒水分量不足，將每瓶酒超額量的收入私吞。

1. 賓客帳單控制

(1)帳單的內容和作用

① 使用賓客帳單幫助服務員記憶賓客訂的菜品，以便向廚房下達生產指令，廚房必須憑帳單生產。

② 賓客帳單上記載賓客訂的菜品的價格，作為向賓客收費的憑證。

③ 書面記載各菜品銷售的份數和就餐人數，以利於生產計劃、人員控制、菜單設計等。

④ 用帳單核實收銀員收款的準確性，核實各項菜品的出售是否都產生收入。帳錢核實可控制現金收入的短缺。

⑤ 賓客帳單可作為餐館收入的原始憑證，將帳單上的銷售金額匯總，可統計出餐館各餐的營業收入，而且也是收取營業稅的基礎。

(2)帳單的編號

帳單編號制度的控制作用包括以下兩點。

① 帳單編號能防止收入流失。若在營業結束時核對帳單編號，可以很快查出帳單是否短缺。如果帳單短缺，可能是賓客拿走帳單未付帳而走，也可能是服務員或收銀員不誠實，拿走帳單，吞沒現金。採用帳單編號制度，可促使服務員監督賓客結帳付款，並控制服務員和收銀員嚴格按帳單刷款，防止現金短缺。一旦發現帳單短

缺，管理人員要追查責任，採取措施，堵塞漏洞。

②帳單編號能規定各位服務員對那些帳單負責。帳單上的菜品價格不正確或帳單短缺，一般會追查到服務員。因而一些餐館規定各服務員對那些帳單本和帳單號負責並要求簽字。採取這種制度，在開餐前服務員領帳單本時要記下帳單的起始號；營業結束後要記下結束號。如果訂餐員或點菜員粗心或有意識地在帳單上開錯價格或帳單缺號，則透過查找帳單編號的負責人，就很容易追查責任。為加強控制，有些餐館要求成本控制員檢查每天的帳單有無漏號，價格填寫是否正確。發生差錯對收銀員或服務員要通報檢查。

(3)帳單副本制度

副本制度是指帳單二式二份或三份制度。帳單的正聯和副聯應以不同顏色印製，應具有相同的編號，並用複寫紙填寫。正聯為帳單，作為向賓客收款的憑據；副聯送廚房，作為廚房生產的指令。出菜控制人員要監督菜品的正確發出。廚房必須嚴格按照副聯上填寫的菜品和數量生產，這樣可防止廚房生產和出售的菜品得不到收入，減少訂菜服務員對賓客訂的菜不記帳而私吞收款的機會。副聯不能丟失，有的廚房在服務員取走菜後將訂菜單副聯放在一個帶孔並上鎖的盒裏。這樣可在營業結束時對照檢查有無空號。要求所有的副聯都有相對應的正聯，廚房發出的菜品都有帳單並都已收了款。

2. 出菜檢查員控制

具有一定規模的餐館，需要在廚房中設置一名出菜檢查員，崗位設在廚房通向餐館的出口處。出菜檢查員必須熟悉餐館的菜品品種與價格，要瞭解各種菜的品質標準。出菜檢查員是食品生產和餐

館服務之間的協調員，是廚房生產的控制員。其責任如下：

(1)保證每張訂菜單上的菜都能得到及時生產，並保證傳菜員取菜正確和送菜到合適的餐桌。

(2)保證廚房只根據帳單副聯所列的菜名生產菜品，每份送出廚房的菜都應在訂菜單副聯上有記載。這樣可防止服務員或廚房無訂菜單私自生產並擅自免費把食品送給賓客。

(3)有的餐館要求出菜檢查員檢查賓客帳單上填的價格是否正確，防止服務員為某種私利或粗心將價格寫錯。

(4)大致檢查每份生產好的菜品的比率和品質是否符合標準。

(5)注意防止賓客帳單副聯丟失。

3.收銀員控制

收銀員的職責是記錄現金收入和記帳收入，向賓客結帳收款。收銀處一般設在靠近出口處。如果有收銀機，每筆收入都要輸入收銀機，不管現金銷售還是記帳銷售。現金收入和記帳收入必須分別統計。賓客已付款的帳單要蓋上「現金收訖(Cash Paid)」章，有的企業要求將已收款的帳單鎖在盒子裏。這兩種方法都是為防止已收現金的帳單再次被收銀員或服務員使用而囊取企業的收入。

餐館往往要求收銀員統計各項菜品的銷售數、賓客人數及營業收入。在銷售匯總中，要求收銀員按帳單號登記。這樣帳單如有短缺會十分明顯地反映出來，以便於對菜品銷售進行控制。

銷售匯總表除了能對帳單進行控制外，由於對記帳收入和現金收入分別匯總，它還便於對現金進行控制。匯總表上的銷售信息不僅對會計統計有用，而且能及時反映餐館吸引客源和推銷高價菜的能力。

餐館銷售匯總表如表 41-1 所示。

表 41-1　某餐館銷售匯總表

年　　月　　日

帳單號	服務員工號	賓客數	銷售額/元	現金銷售額/元	記帳銷售額/元	備註
101	6	2	40.00	40.00		
102	3	5	200.00		200.00	
103	2	1	30.00		30.00	
104	2	2	70.00	70.00		
105	6	4	120.50		350.50	
……						
總計						

賓客平均消費額：　32.89　　　收銀員：

4.銷售指標控制

所謂餐飲銷售是指餐飲產品和服務的銷售總價值。此價值可以是現金，也可以是保證未來支付的現金值，如支票、信用卡等。銷售額一般是以貨幣形式來表示。影響餐飲銷售總額高低有一些主要的控制指標。

(1)平均消費額

餐館管理人員要十分重視平均消費額。平均消費額是指平均每位賓客每餐支付的費用，這個數據之所以重要是因為它能反映菜單的銷售效果，反映餐飲銷售工作的成績，能幫助管理人員瞭解菜單

的定價是否過高或過低，瞭解服務員和銷售員是否努力推銷高價菜、宴席和飲料。通常，餐館要求每天都分別計算食品的平均消費額和飲料的平均消費額。

⑵每座位銷售額

每座位銷售額是以平均每座位產生的銷售金額及平均每座位服務的賓客數來表示。平均每座位銷售額是由總銷售額除以座位數而得。

每座位銷售額這一數據可用於比較相同檔次、不同餐館的經營好壞的程度。例如，A 餐館的年銷售額為 400 萬元，具有餐座 200 座；而 B 餐館的年銷售額為 250 萬元，具有餐座 100 座；那麼 A 餐館的每座位年銷售額為多少？而 B 餐館的每座位年銷售額為多少？那個餐館的經營效益要好一些？經計算可以看出，B 餐館的經營效益要好一些。

⑶座位週轉率

座位週轉率即平均每座位服務的賓客數。由於餐館早、午、晚餐客源的特點不同，座位週轉率往往分餐統計。座位週轉率反映餐館吸引客源的能力。

⑷每位服務員銷售指標

服務員的銷售數據可由收銀員對帳單的銷售數據進行匯總，也可由餐館經理對帳單存根的銷售數據進行匯總而得出。一般有兩種銷售指標。

一是以每位服務員服務的賓客數來表示。這個數據反映服務員的工作效率，為管理人員配備職工、安排工作班次提供基礎，也是職工成績評估的基礎。當然，該數據要有一定的時間範圍才有意

義，因為服務員每天、每餐、每小時服務的賓客數是不同的。不同
餐別每位服務員能夠服務的賓客數也不同，一位服務員在早餐能服
務的賓客數多於晚餐。不同餐館的服務員能夠服務的賓客數也不
同，高檔餐館的服務員不如快餐館服務的人數多。

二是以每位服務員銷售額來表示。每位服務員的賓客平均消費
額是用服務員在某段時間中產生的總銷售額除以其服務的賓客數
而得。例如，某餐館在月終對服務員工作成績進行比較時，應用下
列銷售數據。

	服務員 A	服務員 B
服務賓客數	1950 人	2008 人
產生銷售額	53625	51832.20
賓客平均消費額	26.50	25.81

上述數據明顯地反映了，服務員 B 無論在服務賓客數和產生的
銷售額方面都超過了服務員 A，說明他在積極主動接待賓客方面以
及他的工作量都比服務員 A 更為出色。但是他服務的賓客平均消費
額為：服務員 B 比服務員 A 少 0.69 元(27.5 元－26.81 元＝0.69
元)。說明服務員 B 在推銷高價菜、勸誘賓客追加點菜和點飲料方
面不如服務員 A。餐館管理人員可向服務員 B 指明努力方向，指出
如果他在上述方面努力，則他在提高餐飲銷售額方面還有潛力，還
能增加銷售額的潛力為：0.69×2008＝1385.52(元)。

⑸某時段銷售額

銷售額是顯示餐館經營好壞的重要銷售指標。由於各餐每位賓
客的平均消費額相差較大，故銷售額的計劃往往要分餐進行。一段
時間的銷售額指標可以透過下式來計劃。

一段時間的銷售額指標＝餐館座位數×預計平均每餐座位週轉率×平均每位賓客消費額指標×每天餐數×天數

42

員工「好壞」定成敗

俗話說：「沒有完美的個人，只有完美的團隊！」一家餐館的運營也是這樣，單純依靠老闆一個人的力量是無法成功的，此時，聰明的餐館老闆就要懂得理生、科學地積聚員工的力量，努力開發有限資源，獲取最大效益。

從另一方面來看，員工是餐館發展的有力支柱，餐館老闆也迫切需要一批與之同呼吸共命運的員工。那麼如何挑選、培養優秀的員工呢？這裏面還是有不少學問的。

1. 好廚師是餐館的財富

從一家餐館的服務角度考慮，廚師對整個餐館出品的菜式起著至關重要的作用。如果餐館老闆擁有一批一流的廚師，這些廚師烹製的高品質菜肴也就是這家餐館經營成功的重要保證。另外，餐館廚師製作菜品的風味和特色也是整個餐館的特色所在。可以說，廚師可以為餐館盈利創造條件，是餐館的一筆無形財富。

菜品的品質是一家餐館的生命線。廚師作為菜品的直接製作者，在菜品的烹製過程中，如果沒有良好的心情和健康的心態，菜

品品質必然會受到影響，從而給顧客留下不好的印象，影響餐館整體的聲譽。

2. 餐飲業呼喚高素質的「掌門人」

隨著競爭行列，「行政總廚」這一新名詞便應運而生。因此，餐館業也沿用了這一稱呼，稍微大一點的餐館都會有自己的行政總廚，即便是小的餐館，也會有廚師長來負責餐館廚房的整體運作。

後廚的掌門人，是整個後廚運轉的高層管理人員，是後廚的「技術權威」。往往不管是行政總廚還是廚師長，都會炒得一手好菜，非常有悟性和靈性，能夠精通一種或多種菜系。廣泛吸納別人經驗，多方學習別人長處，是餐館廚房掌門人應該具備的基本素質。

我們必須清醒地認識到餐館行業是一個兩位一體的行業，其廳面部份是服務業，而其後廚則是加工製作業。餐館的管理工作不僅包括對廳面服務的管理，而更重要的是對後廚的生產管理，就需要有較強能力的後廚掌門人來撐起後廚的生產。

3. 服務員是餐館的活招牌

作為餐館的一線人員，服務員直接面對形形色色來餐館就餐的客人，向客人們第一時間展示這家餐館的形象和服務，因此，服務員在餐館中的角色並不是簡簡單單的「店小二」。在現代餐館業的發展中，服務員當之無愧變身為餐館的「活招牌」。在餐館的管理中，老闆們也要充分發掘服務員的熱情，提升餐館整體的形象。

一名餐館服務員除了要按照工作程序完成自己的本職工作外，還應當主動地向顧客介紹餐館的灑水和菜肴，極力向顧客推銷。這既是充分挖掘服務空間、利用潛力的重要方法，也是體現服務意識，主動向顧客提供服務的需要。

43

接待顧客的服務禮儀

在營業前，服務人員應以正確的站姿站在餐廳門口兩側或裏面，便於環顧四週的位置，恭候顧客的到來。

顧客到來時，服務員要熱情上前迎接，並主動致以親切的問候。在問候時要面帶微笑，表情親切、自然。如果是男女賓客在一起，要先問候女賓，再問候男賓。見到年老體弱者，要主動上前攙扶，悉心照料。要主動接下賓客的衣帽，掛到衣帽架上。

1. 服務人員的姿態

餐飲業的服務人員姿態，主要包括站姿、走姿、蹲姿、手姿和身姿等。

在服務工作中，服務人員的姿態應具有一定的規範性，它不僅是服務員個性的表現，還能反映出一個人的修養氣質，而且它還是禮貌的尺規。

(1)站姿要求

身體站立的重心應落在兩腳的中間，挺胸收腹吸齶，腰直肩平，目光平視，面帶笑容，雙臂自然下垂或在胸前、體後交叉。

兩腳跟併攏，其夾角為 45°至 60°，也可兩足並立，相距一拳的間隔，腳尖略向外。

雙手不得叉腰、抱胸或插入衣兜內，腳尖不可隨著音樂打節

拍；身體不可東倒西歪，依靠其他物件。

(2)步態要求

步伐輕盈而穩健，上體正直，身體重心要落在腳掌前部，頭正微抬，目光平視，面帶微笑。腳尖應對正前方，兩腳軌跡為一條線或兩條緊臨的平行線，步速要適中，以一分鐘為單位，男服務員應走 110 步，女服務員應走 120 步。合適的步速反映出服務人員積極的工作態度，是顧客樂於看到的。

對餐廳服務人員來說，步幅要適當，因為步幅過大，人體前傾的角度必然會加大，服務員經常需要手端物品來往於餐廳之中，這樣較易發生意外。另外，步幅過大，再加上較快的步速，容易讓人產生「風風火火」的感覺。所以，男服務員的步幅以 40 釐米左右為宜，女服務員則步幅在 35 釐米左右為宜。

服務人員在餐廳內，一般靠右側行走，在與顧客同行時，應讓客人先行(引座員及接待員除外)；如果餐廳通道比較狹窄，或有顧客從對面起來時，服務人員應主動停下來靠在邊上，先讓顧客通過，但切不可背對顧客。

走路姿勢與一個人的心情有關。心理學家認為，低垂著頭，雙肩晃動或駝背，會顯示出此人精神不振，消極自卑。故此，要培養服務員對事業、對生活的信心和興趣，這樣他(她)走起路來，亦會精神百倍，富有活力。

(3)手勢要求

手勢是一種最有表現力的「體態語言」，它是餐廳服務人員向顧客做介紹、談話、引路、指示方向等常用的一種形體語言。要求正規、手指自然併攏，手掌向上，以肘關節為軸指向目標，同時，

眼睛也要轉向目標，並注意對方是否已看清目標。

在介紹或指路時，均不得用一個手指直接來回比劃。談話時，手勢不宜過多，幅度不宜過大。在使用手勢時，還應注意各國的風俗習慣。

人的體形、相貌是天生的，是難以改變的，但人的體形、相貌的某些特定部份，又是可以根據服務工作的要求，有意識地進行鍛鍊、糾正、塑造的。

如有輕微駝背的人，可以通過有意識的挺胸訓練，予以糾正，即使有不良的容貌表情，也是可以通過心理的調節來控制的，拋棄不愉快的心境，達到改善面部表情的目的。

2.引顧客入座

在引領顧客時，服務人員應立即迎上，問清是否預約過、幾位，然後把顧客三到合適的座位。這主要根據顧客的身份、年齡等來判定。

如果是重要顧客光臨，服務員要把他引領到餐廳最好的位置上。夫婦、情侶來就餐，要把他們引領到最安靜的餐桌入座。

服飾華麗、容貌漂亮的女賓前來時，要把她引領到顯眼的位置上。這樣既可以滿足顧客的愛美心理，又能使餐廳增添華貴的氣氛。

對年老體弱的顧客，最好把他們引領到出入方便的地方，對某些有生理缺陷的賓客，要注意選擇一個能遮掩其缺陷的位置。如果顧客希望的位置已被佔用時，要耐心解釋，多說抱歉的話，並儘量安排他們到滿意的位置。顧客走近餐桌時，服務員應以輕捷的動作，用雙手拉開座椅，招呼顧客就座，待顧客屈腿入座的同時，輕輕推上座椅，使顧客坐好、坐穩。推椅的動作要適度、準確，應注

意與顧客配合默契。

顧客就座後，隨即將盛有香巾的碟子送上。送香巾時，可雙手捏住香巾並解童到顧客面前，也可用不銹鋼夾夾起香巾送給顧客。

顧客如點飲料，飲料瓶應放在顧客的右側，然後再開啟飲料瓶蓋。同時需注意要用右手握瓶，露出商標，左手托瓶子上端，將飲料徐徐倒入飲料杯中，不宜倒得太滿，也不可倒太快。拉開易開罐時，不要將罐口朝向客人。如顧客沒有點飲料，則一定要上茶，茶杯放在墊盤上，輕輕放於桌上，把茶杯把手轉向客人右手方向。

這樣既可以使顧客在候餐時不致空閒冷淡，又可以使其解渴解乏，可謂是「送茶候餐，遞巾暖客」。

3. 請顧客點菜

顧客如預先沒有定菜，服務人員要站在主賓、女賓或者長者的左側，躬身雙手，及時主動地將菜單遞上，請顧客點菜。菜單表面要乾淨無汙，遞送時必須恭敬。

將菜單遞給顧客後，服務人員要耐心等候，讓顧客有充分的時間考慮，不要催促顧客點菜，要認真、準確地記錄客人所點的每一道菜和飲料，避免出現差錯。同賓客說話時要面帶笑容，精力集中，話語親切、委婉。點好的菜名應準確迅速地記在菜單上，一式兩份，一份送給廚台值班，一份送給帳台結帳。

如遇顧客點到已無原料的菜飯，應致歉，求得賓客諒解。如顧客點出菜單上沒有的菜肴時，切不可一口回絕，可以說：「請允許我與廚師長商量一下，儘量滿足您的要求。」

推薦菜單，是服務員有禮貌地向顧客介紹本店特色菜的一種方式。服務員應通過觀察分析，根據顧客的心理、就餐目的，有針對

性地向客人推薦菜點。並且推薦時要講究說話的藝術。這樣做既不失禮貌，又運用了推銷技巧。如果只是簡單地說或是勉強硬性推薦，就難免引起顧客的不愉快。

4. 撤換餐具

在顧客用餐的整個過程中，服務員應始終站立桌旁，隨時準備應答客人的招呼，提供各種週到的服務，不得走神做其他事。服務員應及時把顧客已使用完畢的骨碟、菜盤、煙灰缸，以及一切用不著的或暫時不用的餐具、用具從餐桌上撤下，並根據需要換上乾淨的餐具、用具。

撤換時應注意：不要將鹵汁滴在顧客身上，應將灑落在桌上的少許菜、汁輕輕收拾乾淨，撤菜盤的位置與上菜的位置應相同，應尊重顧客的習慣，如果顧客將筷子放在骨碟上面，換上新骨碟後，仍將筷子按原樣放好。為顧客斟酒、上菜，手指切忌觸摸酒杯杯口，也不能碰及菜肴。

如有顧客不慎將餐具掉在地上，服務員應迅速上前取走，馬上為其更換乾淨的餐具。顧客有吸煙意向時，應及時主動上前幫忙點火。

如有需要顧客接聽的電話，應走近顧客輕聲呼喚，不得在遠處高喊。對顧客提出的各種要求，均應一一及時滿足，不得置之不理，更不得天煩和頂撞，因為「客人永遠是對的」。如果顧客的要求不合理或確實無法滿足的，也應及時答覆，並耐心解釋，表示歉意。

5. 結帳恭送顧客

服務員為顧客上完最後一道菜時，即應開始做結帳的準備工作。

　　當把顧客用餐的細目送到收款台後，帳台服務人員一定要準確、迅速地把食妄約單價標上，一併合計出用款總數。

　　合計好後，在客人用畢主餐飲茶時，由值台服務員用託盤將帳單送到顧客面前，並且應站到負責結帳顧客的右後側，輕聲告之，然後用錢夾把錢放進託盤送回帳台，並把找回的餘款送到結帳顧客面前，敘說清楚。

　　服務員在唱收唱付時，音量不宜高，語速不宜快，語氣要柔和，吐字要清晰，要面帶笑容，上身要略向前躬身。

　　如顧客是採取轉帳的方式進行結帳時，一定要請顧客填好帳號並簽字。服務人員一般正坐在帳台內，可戴兩隻套袖。坐姿要嫻雅、自如、端莊、大方，面帶微笑。

　　顧客就餐完畢離開時，要有禮貌地歡送，並致告別語，目送顧客離開。

心得欄

44

餐廳培養回頭客的必要性

顧客是餐廳最重要的資源，有一個 80/20 法則，80%的生意是靠 20%的客戶帶來的，而這 20%的客戶就是餐廳的回頭客（老顧客）。可見餐廳培育自己的回頭客是很有必要的。

隨著餐飲市場競爭的加劇，一些餐廳為了爭奪客源，紛紛採取降價行為。其實，適度的價格競爭作為基本的市場行銷策略之一，是符合市場競爭規律的，是一種正常現象。

然而，做任何事情都要講求一個「度」，價格競爭也是如此。如果餐廳對降價行為不加控制，就可能演變成一種惡性競爭，這種惡性競爭將會帶來嚴重的後果。而一些學者的研究也表明，爭取一名新顧客的成本是保留一名回頭客成本的 7 倍。因此，國外許多餐廳都十分重視培養自己忠誠的回頭客。

例如實施的「通向成功之路」戰略計劃中，就把建立顧客的忠誠感放在核心地位，並制定了一個具有戰略意義的旨在酬謝回頭客的「金環」計劃。

怎樣才能培育出餐廳的回頭客呢？餐廳要培養出忠誠的回頭客，應做好以下幾個方面的工作。

1. 使顧客的期望維持在合理的水準

顧客對餐廳服務評價的高低取決於他對餐廳服務的期望與他

實際感受到的服務水準之間的差距。如果餐廳提供的服務水準超過了顧客期望的水準，那麼，顧客就會對餐廳的服務感到滿意；如果餐廳的服務水準沒有達到顧客期望的水準，顧客就會產生不滿。

顧客期望的形成，主要受市場溝通、餐飲店形象、顧客口碑和顧客需求 4 個因素的影響。其中，只有市場溝通這個因素，能夠完全為餐廳所控制，如餐廳的廣告、公共關係及促銷活動等。

市場溝通對於顧客的期望所產生的影響是顯而易見的。餐廳在對外宣傳時，若不切實際，盲目虛誇，必然導致在顧客心目中將對餐廳的服務產生過高的期望。

對顧客期望的管理，實質上就是要求餐廳在對外宣傳中必須實事求是，並認真兌現餐廳向顧客所提出的每一項承諾。

2. 提供個性化服務

餐廳應成為顧客的「家外之家」，因此，餐廳必須努力為顧客營造一種賓至如歸的感覺，讓顧客在餐廳裏能夠真正享受到溫馨、舒適及便利。顧客的需求有一定的共同性，如都希望獲得良好的服務，都希望吃到可口的菜品等。

但同時，顧客的需求又具有差異性。在當今的個性化消費時代，餐廳只推行標準化服務是遠遠不夠的，餐廳還應在推行標準化的基礎上開展個性化服務，這樣的服務才是優質的服務，才能真正抓住顧客的心。

3. 主動傾聽，妥善處理顧客的投訴

在餐廳的經營過程中，餐廳經營者常會遇到顧客的投訴。對於提出投訴的顧客，經營者應認真耐心聽取顧客的抱怨，並採取積極的方式，及時予以妥善的解決。

著名的 1：10：100 的黃金管理定理，如果在顧客提出問題的當天就加以解決，所需成本僅為 1 元，要是拖到第二天解決，就需要 10 元，再拖幾天則可能需要 100 元。所以，對於所有在餐廳就餐的顧客，餐廳必須設法瞭解顧客的真實感受。

餐廳要清楚顧客對餐廳的不滿。通過這種方式，既能夠體現出餐廳對顧客的關心與尊重，又能夠瞭解餐廳在某些方面存在的問題，並給予及時的改進。只要餐廳對顧客的投訴處理得當，不滿的顧客也能夠變成滿意的顧客甚至是忠誠的回頭客。

4. 加強顧客個人信息的管理

現代信息技術的發展，為餐廳的管理創新提供了堅實的物質和技術基礎。

餐廳在經營管理中，應充分利用現代信息技術的優秀研究成果，為每一位顧客建立起完整的資料庫檔案。通過顧客的個人檔案，有效地記錄顧客的消費喜好、禁忌、購買行為等特徵。

這樣，當顧客再次惠顧時，餐廳就能夠提供更有針對性的服務，從而進一步強化顧客對餐廳的滿意度和忠誠度。很多業績良好的餐廳，都十分重視顧客檔案的管理工作，其經營者均認為，瞭解顧客是餐廳生存與發展要做的首件大事。

5. 制定回頭客獎勵計劃

為刺激顧客重覆購買的慾望，餐廳在提供優質服務的同時，還應輔以一定的物質獎勵，以便對回頭客的消費行為加以回報，最終達到培育回頭客的目的。例如，餐廳可以通過會員制行銷、積分卡、顧客培訓等方式，以達到刺激消費的目的。

目前在餐飲業應用較為廣泛的一種獎勵策略，就是 FP 策略。

FP(Frequency Program)，即常客計劃，是企業為了爭取回頭客而經常採用的一種激勵手段，而 FP 策略的主要形式就是會員積分制。

餐飲業也在逐步推行這種策略。但在運用該策略時，應注意，會員積分制提供的會員服務不能僅僅停留於表面，很多餐廳的會員積分制僅僅是建立在折扣、折扣價或特優價的基礎之上，而缺乏實質內容和深度，這種會員積分制只是一種變相的降價，一種簡單的促銷手段，而卻無法與顧客建立長久的關係。

6.保持與顧客在購買後的溝通

在很多餐廳裏，顧客在結完帳離開餐廳後，餐廳與顧客之間就不再有任何的關係。這是餐廳在培養忠誠回頭客上的一個薄弱環節。

餐廳在與顧客結束交易關係後，還應該繼續對顧客給予適當的關注。如在重要節日或顧客的生日，為顧客寄上一束鮮花，或八折優待，贈送一盤菜，或為顧客發送一條祝福的短信，等等，雖然花費不多，卻能使顧客高高興興地記住自己的餐廳。

心得欄

45
廚房有序運轉的日常管理制度

廚房是餐廳的核心，廚房不運作，餐廳就休想運營。當今的餐飲市場，競爭異常激烈，一家餐廳能否在競爭中站穩腳跟、擴大經營、形成自己獨特的風格，離不開嚴密的管理制度，而廚房的管理更是餐廳管理的重中之重。

廚房管理實際上就是廚房管理者根據本餐廳的實際狀況，結合市場環境，擬定具體的工作計劃並完成餐廳工作任務的過程。

1.廚房值班、交班、接班制度

如果在餐廳高峰期的時候沒有妥善處理好交、接班的工作，是很影響餐廳的經營的，所以廚師長應建立健全完善的廚房值班、交班、接班制度。

· 根據工作需要，組長安排本組各崗人員值班。

· 接班人員應提前抵達工作崗位，保證准點接班。

· 交班人員須向接班人員詳細交代交接事宜，並填寫交接班日誌，方可離崗。

· 接班人員應認真核對交接班日誌，確認並落實交班內容。

·值班人員應自覺完成工作，工作時間不得擅自離開工作崗位。

· 值班、接班人員應保證值班、接班期間的菜品正常出品。

· 值班、接班人員應妥善處理和保藏剩餘食品及原料，做好清

潔衛生工作。

・ 值班、接班人員下班時要記錄交接班日誌，不得在上面亂畫。

・ 廚師長可不定時檢查值班交接記錄。

2. 廚房會議制度

廚師長應對廚房各項工作實行分級檢查制，對各廚房進行不定期、不定點、不定項的抽查。

檢查內容包括廚房考勤、著裝、崗位職責、設備使用和維護、食品儲藏、出菜制度及速度、原材料節約及綜合利用、安全生產等。

廚房的日常會議有：

・ 衛生工作會：每週一次，主要內容有食品衛生、日常衛生、計劃衛生

・ 廚房紀律：每週一次，主要內容有考勤、考核情況、廚房紀律

・ 每日例會：主要內容有總結評價過去一日廚房情況，處理當日突發事件

・ 安全會議：每半月一次，主要是廚房的安全工作

・ 協調會議：每週一次，主要是相互交流、溝通

・ 生產工作會：每週一次，主要內容有儲藏、職責、出品品質、菜品創新

・ 設備會議：每月一次，主要內容有設備使用、維護

3. 廚房衛生管理制度

廚房的衛生是否達標關係著餐廳能否正常運行，所以制定嚴密的廚房衛生管理制度非常重要。

廚房的衛生管理制度包括：

· 廚房烹調加工食物用過的廢水必須及時排除。

· 地面天花板、牆壁、門窗應堅固美觀，所有孔、洞、縫、隙
  應予填實密封，並保持整潔。

· 定期清洗抽油煙設備。

· 工作廚台、櫥櫃下內側及廚房死角，應特別注意清掃，防止
  殘留食物腐蝕。

· 食物應在工作台上操作加工，並將生熟食物分開處理，刀、
  菜墩、抹布等必須保持清潔、衛生。

· 食物應保持新鮮、清潔、衛生，並於清洗後分類用塑膠袋包
  緊或裝在蓋容器內，切勿將食物在生活常溫中暴露太久。

· 調味品應以適當容器裝盛，使用後隨即加蓋，所有器皿及菜
  點均不得與地面或污垢接觸。

· 廚房工作人員工作前、方便後應徹底洗手，保持雙手的清潔。

· 廚房清潔掃除工作應每日數次，至少二次清潔，用具應集中
  放置，殺蟲劑應與洗滌劑分開放置，並指定專人管理。

· 不得在廚房內躺臥或住宿，亦不許隨便懸掛衣物及放置鞋
  屐，或亂放雜物等。

· 有傳染病時，應在家中或醫院治療，停止一切廚房工作。

4. 食品原料管理與驗收制度

· 根據餐廳廚房生產程序標準，實行烹飪原料先進先出原則，
  合理使用原料，避免先後程序不分或先入庫房原料擱置不用
  的現象發生。

· 高檔原料派專人保管，嚴格監督使用量。其他原料同樣做到
  按量使用。

- 未經許可，不得私自製作本餐廳供應菜品，杜絕浪費任何原料。
- 不得使用黴變、有異味等變質的烹飪原料。對原料做到先入先出，隨時檢查。
- 不得將腐敗變質的菜品和食品提供給客人。
- 不許亂拿、亂吃、亂做廚房的一切食品。處理變質原料，需經批准。
- 嚴格履行原料進入、原料烹製和菜品供應程序，確保酒店菜品操作流程正常運轉，做到「不見單，廚房不出菜」的原則。
- 驗收人員必須以餐廳利益為重，堅持原則、秉公驗收、不圖私利。
- 驗收人員必須嚴格按照驗收程序完成原料驗收工作。
- 驗收人員必須瞭解即將取得的原料與採購定單上規定的品質要求是否一致，拒絕驗收與採購單上規定不符的原材料。
- 驗收人員必須瞭解如何處理驗收下來的物品，並且知道在發現問題時應怎樣處理。如果已驗收的原材料出現品質問題，驗收人員應負主要責任。驗收完畢，驗收人員應填寫好驗收報告，備存或交給相關部門的相關人員。

5.廚房防火安全制度

- 發現電器設備接頭不牢或發生故障時，應立即報修，修復後才能使用。
- 不能超負荷使用電器設備。
- 各種電器設備在不用時或用完後應切斷電源。
- 每天清洗淨殘油脂。

· 煉油時應專人看管,烤食物時不能著火。

· 煮鍋或炸鍋不能超容量或超溫度使用。

· 每天清洗爐罩爐灶,使之乾淨,每週至少清洗一次抽油煙機濾網。

· 下班關閉能源開關。

· 保證廚房消防措施齊全、有效。

· 廚房工作人員都應掌握處理意外事故的控制方法和報警方法。

廚房日常管理制度有:

· 交接班制度:保證餐廳的正常運營

· 會議制度:通知工作計劃、明確工作任務

· 衛生管理制度:硬性規定廚房衛生管理,保證廚房衛生

· 原料管理與驗收制度:促進原料合理運用

· 防火安全制度:保障廚房安全

· 設備管理制度:延長廚房設備的使用壽命

6. 廚房設備的管理制度

· 對廚房所有設備、設施、用具實行文明操作,按規範標準操作與管理。

· 人人都應遵守為廚房所有設備制定的保養維護措施。

· 廚房內一切個人使用器具,由本人妥善保管、使用及維護。

·廚房內共用器具,使用後應放回規定的位置,不得擅自改變,同時加強保養。

· 廚房內一切特殊工具,如雕刻、花嘴等工具,由專人保管存放,借用時做記錄,歸還時要點數和檢查品質。

- 廚房內用具以舊換新時，必須辦理相關手續。
- 廚房的一切用具、餐具(包括零件)不准私自帶出。
- 廚房一切用具、餐具應輕拿輕放，避免人為損壞。
- 廚房內用具，使用人有責任對其進行保養、維護，因不遵守操作規程和廚房紀律造成設備工具損壞，丟失的，照價賠償。
- 定期檢查、維修廚房的用具，凡設備損壞後，須經維修人員檢查，能修則修，不能修需更換者，應向餐廳管理人報告審查批准。

制度建立以後，應根據餐廳的運作情況來逐步完善，員工的獎罰等較為敏感的規定應界定清楚。

為避免制度流於形式，應加強督查力度，可設置督查管理人員協助廚師長落實、執行備項制度，確保日常工作嚴格按規定執行。廚房的規章制度是員工工作的指導，制定了崗位職責、規章制度、督查辦法後，在進一步加強對人員的管理時就有章可循了。

心得欄

46

衛生是餐廳永續經營的前提

　　對於餐飲行業，衛生的重要性不言而喻。去過肯德基就餐的人，肯定都有印象。在肯德基裏每一處進入消費者眼簾的地方，都幾乎沒有一粒灰塵，沒有一處油污。餐廳內有服務員不停地走動著，觀察著，隨時把顧客不經意留下的油污和殘留物清除掉。

　　我們身邊，有些餐廳連最基本的衛生要求都達不到，即使這裏的菜品再美味可口，也是門可羅雀。試想一下，長此以往，沒有食客上門，餐廳還怎麼運營下去？

　　餐廳的用餐環境是餐廳形象的一個重要表現場所，可以襯托餐廳的整體文化。

　　用餐環境的衛生是餐廳的活廣告，能夠起到宣傳餐廳、吸引顧客的作用。環境的好壞給一位食客留有的印象，很有可能成為引導其他客人是否來該餐廳消費的重要導向。

　　如果不注意餐廳衛生，不只影響顧客的健康，很有可能使顧客對本餐廳的信任程度大打折扣，做好餐廳的衛生，是能否贏得食客們信任的關鍵。

1. 餐廳經營的基本保證

　　從宏觀層面上分析，餐廳提供的產品是「服務」，而「服務」的涵蓋面非常廣，最基本的是味道上乘的食品。到餐廳進餐的客

人，首要的目的是「果腹」，食用餐廳所提供的餐品。

餐品中不應該存在任何對人體有害的因素，一旦顧客在餐廳進餐的時候誤食了對身體健康有害的物質，威脅到了生命，無論是對顧客還是對餐廳的經營者，後果都是不堪設想的。

所以，經餐廳加工、銷售的必須都是乾淨衛生、安全無害的食品，這是餐廳生產經營的基礎，是餐廳能夠得到發展的基本保證。如果一家餐廳連基本的餐飲衛生都保證不了，何談長遠的發展？

2. 維護食客的利益

食客到餐廳進餐時，最關心的問題莫過於食品衛生安全與否。對於餐廳經營者來說，想要贏得廣大食客的信任，首先要解決的問題是要維護他們的人身利益。這就要求餐廳生產、銷售的食品衛生乾淨，不給就餐者帶來人身傷害。

當今社會中，不乏有一些餐廳對自己產品的衛生掉以輕心，食物中毒等事件時有發生，給消費者帶來人身傷害、財產損失。

3. 保障員工的衛生健康

試想一下，在衛生條件欠佳的場所加工餐品，不僅會對餐品的衛生造成威脅，相信對食品製作人員的自身也會造成不安全的因素，更有甚者會影響企業員工的健康狀況。

所以保證餐廳的衛生安全，在很大程度上也是在保障餐廳工作人員的衛生安全與身體健康。

4. 維護餐廳的自身利益

如果經餐廳加工、銷售的菜品含有對人體有害的物質，給食客造成了傷害，那麼餐廳就要負有一定的道德責任，甚至是法律責任。對受害人進行必要的經濟賠償是必須的，情況嚴重者還會受到

法律的懲治。

　　因此，餐廳必須要將任何不衛生、不安全的物質存在量控制在最低水準，確保食客、餐廳以及本餐廳的工作人員等各方面的利益。

心得欄

47

餐廳正廳的環境衛生

正廳對於餐廳來講是非常重要的一部份，必須保持清潔。

櫃檯上的所有飲料、酒水必須擺放整齊，這樣才能使餐廳給人的第一印象是那種有條理的、有次序的感覺。

1. 餐廳正廳的衛生標準

· 通風良好，光線要足夠，以保證食客的就餐環境舒適。

· 地面須經常打掃，保證清潔。

· 桌椅要每日清潔，並保證桌上的擺設乾淨，如有損壞應立即更換，以免造成人員傷害。

· 台布要每日換洗並消毒，如有破損不可繼續使用，應馬上更換。

· 定期消毒滅蠅，保證防蠅設備齊全。

· 保證售飯台清潔，盛器潔淨。

2. 保持清潔用具的清潔

要想使正廳的環境潔淨，首先要保證所使用的清潔用具是潔淨的。

如果抹布是黑色的、拖布又黑又油，掃帚上沾滿了灰塵和毛髮，是不會有人願意用這樣的清潔工具去打掃的，乾淨清潔的清潔用具可以幫助餐廳的工作人員更有效地清理餐廳衛生。

3. 保持衛生

餐廳有的工作人員認為，保潔員的工作職責是保持餐廳清潔，因此都抱有「事不關己，高高掛起」的心態，即使看見地面不乾淨也不會主動去打掃。事實上無論餐廳工作人員在什麼部門，只要看到地上有垃圾，都應該隨手撿起。

要知道，保證餐廳的衛生良好，人人有責。試想此刻餐廳正處在食客用餐的高峰期，可是餐廳只有一個保潔員在做事，那麼餐廳的衛生怎能保證？

4. 做好物品歸置工作

正廳是餐廳的門面，餐廳的工作人員應該時刻保證其秩序井然。

要在平時的工作中養成把用過的東西放回原處的習慣，如不要把用完的拖把隨手就放在正廳的顯眼處、託盤隨手就放在椅子上等，這種亂放東西的惡習，使整個餐廳看上去顯得凌亂異常。

5. 不許在任何角落放東西

餐廳有的工作人員喜歡把一些暫時用不上的東西往角落中堆放，像是沒用的瓶瓶罐罐、日常使用的清潔用具等。順手是順手了，這樣一來，久而久之大家會公認這樣的地方是衛生「死角」，看起來極其不舒服。

為了徹底杜絕這種現象的發生，餐廳經營者可以制定硬性的規定，即不允許在正廳的任何角落放東西。

6. 菜單的清潔

雖然菜單的用途是點菜，不是用來吃的，但是沾滿油垢的菜單會使食客對餐廳的衛生狀況抱有懷疑的心態。所以保持菜單清潔是

餐廳衛生管理的一個重點所在，餐廳的經營者對其必須給予足夠重視。

正廳衛生管理的注意事項如表 47-1 所示。

表 47-1　正廳衛生管理的注意事項

衛生管理項	重要性	避免	保證
清潔工具	清潔工具不潔淨，就不會有乾淨的用餐環境	抹布是黑色的、拖布又黑又油、掃帚上沾滿了灰塵和毛髮	清潔用具乾淨清潔
物歸原處	餐廳看起來井然有序	用完的拖把隨手就放在正廳的顯眼處、託盤隨手就放在椅子上	在平時的工作中養成把用過的東西放回原處的習慣
餐廳衛生，人人有責	保證餐廳高峰期效率	事不關己，高高掛起	只要看到地上有垃圾，應該隨手撿起
角落更需要關心	餐廳角落無雜物，食客心理更舒服	「死角」的產生	不允許在正廳的任何角落放東西
菜單必須乾淨	餐廳的「名片」不乾淨，影響食客心情	菜單上粘有油垢	時常清潔，保持潔淨

48

餐廳服務人員的衛生管理

餐廳從業人員是餐廳的一面鏡子，餐廳的用人標準可以折射出餐廳工作的規範性。因為每道菜品的經手人都是這些服務人員，他們的一言一行會深深印刻在每位食客的心目中。

對於餐廳服務人員的衛生管理，首先就是要確保他們的健康，患有皮膚病、手部膿腫者及患有傳染性疾病的人不應該從事這個行業。

1. 餐廳服務人員的外表形象

通過餐廳服務員的外表顧客可以看出整個餐廳是否達到衛生方面的標準，如果餐廳裏的服務員個個都是蓬頭垢面、毫無個人衛生可言，那整個餐廳的衛生又怎麼能得到保障呢？

因此，餐廳的服務人員應注重自己的形象，給顧客留下一個良好的印象。

對服務人員的整體要求是符合餐廳規範，著裝整潔，注重手部、面部的清潔衛生，要經常剪指甲；工作之餘，經常鍛鍊身體，對待工作要保有良好的精神風貌。

2. 餐廳服務人員的語言「衛生」

有些餐廳服務人員無論從相貌上還是從穿著打扮上來看形象都很好，但是一旦他(她)使用的語言不文明，食客們即會對這個服

務人員大跌眼鏡。污言穢語、惡語傷人，是極其「不衛生」的行為，一旦有些話進入食客的耳朵裏，會造成語言差的印象，從而對本餐廳的印象大打折扣。

餐廳的經營者大多會在硬體衛生方面做得比較好，相比之下，對軟體衛生的建設極差。所以為了加強對餐廳服務人員衛生素質的建設，應培養服務人員的衛生意識，全面提高他們的衛生素質。

3. 個人衛生管理

・員工須持衛生防疫站發放的健康證上崗，並堅持每年進行一次身體檢查。

・員工工作時間內保持衛生的操作習慣，上班要穿好工作服、戴好工作帽及口罩，工作服、工作帽要整齊乾淨；員工應做到不留長髮、長指甲及長鬍子。

加強對員工的衛生管理對經營餐廳十分重要。餐廳服務人員的衛生管理有：

・外表形象：餐廳的活招牌，如若外表形象不佳會影響餐廳的長遠經營；符合餐廳規範

・語言衛生：開口、閉口語言衛生，給客人留下良好形象；培養服務人員的衛生意識，全面提高他們的衛生素質

・個人衛生管理：保證餐廳衛生的基礎；員工嚴於律己；餐廳管理者嚴加檢查

49

食品卡的控制

一、早茶市的工作流程

餐飲機構大都經營早茶市，這是餐飲經營的一大特色。早茶市的服務特點是：零散，餐位週轉率高，點心銷售以實物為主。

早茶市的工作流程如下：

1.開卡問茶，由咨客引領客人到座位，按有關規定填寫食品卡，由服務員向客人問茶。

2.斟禮貌茶，整理餐具。服務員應立即沖上熱茶，給每一位斟禮貌茶，然後整理台面的餐具。

3.點心銷售。由點心車或明檔進行點心銷售，其間服務員應主動推介點心品種，幫助客人拿取點心品種。在一些即點即蒸的點心銷售中，服務員還要幫客寫單送入點心部。

4.整理台面。在客人享用點心過程中，服務員要及時整理台面，以保持台面的整潔，如及時把客人吃完的點心籠(碟)拿走，將台面上的紙碎雜物清理，為客人的茶壺添加開水，補充茶葉等。

5.結帳。客人需要結帳時，立即將食品卡送到收款處進行結帳，然後按照規定的結帳流程進行操作。

6.送客。將客人送到餐廳門口。

7.清潔台面，客人走後，就立即清理台面，重新更換台布，擺好餐具，準備下一輪客人的到來。

二、早茶市的控制要點

早茶市的服務流程比較簡單，主要內容是服務流程控制，點心銷售控制和結帳控制。

服務流程控制主要有兩點，一是開卡控制，二是台面服務控制。在餐廳裏，一般是由咨客負責開卡，因此咨客在每次茶市開市之前就應該準備好足夠的食品卡數量，最好預先填寫部份食品卡，以便應付大量客人到來時的需要。台面服務的內容主要是開茶加水、及時整理台面、應付客人的其他需要。

點心銷售登記。由於點心銷售以實物銷售為主，客人可憑食品卡到明檔或點心車拿取點心，因此必須要做好點心銷售的登記。服務員和傳菜員必須清楚每一個點心品種的規格和歸屬類別，以免到時出現不必要的差錯。

結帳控制。在大部份的餐廳裏，結帳一般都是由管理人員負責操作的。茶市的結帳一般比較集中，而且是卡多額少，特別需要餐廳管理者注意。

三、食品卡的控制方法

在散餐經營的早茶市和兩個正餐中，對食品卡控制是個主要問題。因為客人憑著食品卡就可以拿取現場展示的點心品種，服務員可憑卡點菜和拿取酒水，傳菜員憑卡上菜，收款處憑卡結帳等，食品卡是顧客在餐廳活動中的一個原始憑證，如果控制不善，容易出現漏洞。

1. 食品卡式樣

食品卡的式樣如圖 49-1 所示。每個餐廳的食品卡是不同的，但其基本內容都是一樣的。

圖 49-1　XX 餐廳食品卡

NO. 0000001

（正面）										（背面）	
時間：　　年　月　日　　市											
台號：　　　　　　　茶葉：											
人數：　　　　　　　經手人：											
餐巾：　　　　小食：											
小點										廚房	
中點											
大點											
特點											
頂點										燒鹵	
超點										主食	
酒水										其他	

2. 食品卡操作流程

食品卡一般的操作流程如圖 49-2 所示：

圖 49-2 食品卡控制流程

3. 食品卡控制

食品卡是顧客在餐廳進行點菜的憑證，因此必須要加以嚴格有效的控制。在上述操作流程中，其控制要點如下：

(1)對所有領出的食品卡進行編碼登記。無論是從財務部領出，還是每市使用的張數，都要進行編碼登記。一般在印製食品卡時已經編上號碼，在領出時只要把印製的編碼進行登記即可。這項工作是由咨客去做，可專門設一個登記簿，每次領出都進行登記。

(2)進行稽查。以收款處所收到的食品卡號碼與咨客在每一市使用的食品卡號碼進行核對。按道理說，當市已經結帳的食品卡與咨客登記開出的食品卡的號碼是一樣的。如有差錯，應馬上查清問題，追究責任。

(3)配套相應的獎罰措施。很多餐廳對食品卡的控制都配套相應的獎罰條例，例如，在菜市裏遺失、走單一張食品卡，罰款 50 元；在飯市里遺失、走單是罰款 200 元。

50
點　菜

　　品種促銷最具體的表現就是服務員怎樣給顧客點菜,無論品種的銷售方式是怎樣的,最終都是讓顧客接受,然而怎樣才能讓顧客接受呢?這就是技巧問題了。

　　點菜是一個專門的崗位名稱,叫促銷小組,側重於給顧客點菜和溝通。

　　餐廳點菜人員與顧客的接觸是人與人之間的一種交往,而點菜人員給顧客點菜則是與顧客的「另類」溝通方式。這種溝通包含著點菜人員對顧客的說服、參謀、建議和平衡。此中,確實需要講究技巧。

一、點菜人員應具備的條件

　　點菜人員肩負推銷品種的重任,顧客吃多少、怎樣吃、吃什麼,很大程度上取決於點菜人員在與顧客點菜過程中所表現的技巧。

1. 要有良好的文化素質和心理素質

　　掌握營銷、公關、營養及本土飲食文化的基本常識,掌握基本的禮儀和禮貌,待人以誠,處事有理,說話有度,靈活變通。

2.要確立「你是美食家，但你不是決定者」的理念

顧客並不都是美食家，但在顧客面前，點菜人員憑著對原料、烹法、味道、品種的瞭解，應該表現出美食家的素質，但同時又要明白，你這是給顧客點菜而不是你自己做出選擇。因此，點菜人員是顧客的參謀，要能夠拿出讓顧客作出品種選擇的理由。

3.要掌握顧客消費心理

顧客的飲食消費心理是奇妙的，既有好奇、求新、習慣性的影響，在某種層面上又有主動、被動之別，同時又會受到具體情景的影響。這就需要點菜人員在與顧客的溝通過程中察言觀色，掌握顧客微妙的心理變化，尋找切入點，使顧客感到滿意。

4.瞭解本餐廳的品種結構

是怎樣構成的，是怎樣分類的？有什麼招牌或特色？進而瞭解每個品種的主料、烹法、風味、製作時間、銷售規格、銷售價格等。熟悉所有的銷售品種，這是點菜人員的基本要求。

5.掌握一般的配菜知識

例如：能夠正確處理就餐人數與品種數量之間的份量，不同味型品種之間的選擇，高檔品種與大眾化品種之間的平衡，葷素之間的協調，冷菜與熱菜之間的分量，特色品種與一般品種的平衡等。

二、怎樣創造「買點」

點菜人員還必須善於創造品種的「買點」，才能最終讓顧客接受你的點菜意見。

所謂「買點」，就是能夠吸引顧客選擇這個品種的閃光點。點

菜人員應該明白：龍蝦刺參可能對某些顧客非常有吸引力，但對別的顧客卻沒有吸引力；經常喝粉葛煲鯪魚的顧客可能對別的老火靚湯更感興趣；有些顧客可能對他自己從來沒有吃過的品種非常感興趣，但有些顧客可能只會選擇他自己以前吃的品種而不願意去嘗試新品種。所以，點菜人員在創造品種「買點」時要因時、因人、因事而異，靈活多變，千萬不可千篇一律。

從手法上看，創造品種的「買點」可從原料、味道、烹法、吃法等方面考慮。例如原料，點菜人員可向顧客娓娓道出原料的來源、產地、特徵、味性及合適的烹法，以調動顧客對原料的好奇心；例如味道，點菜人員可向顧客細細分析各種味型、醬汁之間的差異，同時向顧客描述出味道（醬法）的特點，使顧客做出適當的選擇；例如烹法，點菜人員可向顧客介紹品種是如何烹製出來的，介紹該烹法的獨特風味，極盡奇妙之處；例如吃法，點菜人員可向顧客比較此吃法與彼吃法的細微差異和神奇之處，激起顧客的好奇之心⋯⋯

從顧客角度看，點菜人員應根據不同類型的顧客而做出不同的推銷方式。例如對於經常光顧餐廳、飲食經驗豐富的顧客，應多推介些新品種，因為對於這種類型的顧客來說，吃什麼已經不是一回事，他們著重的是品味嘗新；對於缺乏飲食經驗的顧客，應多推介些大眾化的流行品種；對於家庭類型的顧客，應多以優惠方式去吸引；對於青年男女，應著重在賣相等方面。由此及彼而及，不一而足。

三、點菜方式

現在中餐廳裏流行的品種銷售方式有以下幾種。

1. 菜單式

這是最傳統的點菜方式。顧客是通過菜單來認識品種,點菜人員站在顧客右後側,給顧客點菜。現在流行的菜單多是圖文並茂,設計精美。

2. 推車式

這是傳統的點心銷售方式。現在點心的銷售大都是採取明檔銷售方式,少用點心車銷售。另外,在一些餐廳裏,有用推車式來銷售酒水和水果的。

3. 展覽式

這是現時流行的點菜方式之一,在廳堂裏把銷售品種的樣本用保鮮紙包裝好,擺設展覽式樣,讓顧客「眼見為實」,這是大部份酒樓喜愛採用的方式,這些餐廳除了擺設台卡、POP(展示式廣告的簡稱)外,基本沒有設計文字菜單的。

4. 超市式

這也是現時流行的點菜方式之一,與展覽式不同的是,前者只是擺一個樣本,超市式是直接將要銷售的品種用保鮮紙包裝好,然後展示出來,顧客點菜就像在超市里購物一樣。

點菜方式越來越實物化、圖形化,很多餐飲機構都願意在這方面下功夫。例如,海鮮池不再僅是具有養殖海鮮的功能,而且已經成為一種展覽式,吸引顧客的買點,由此連及其他品種的銷售,也

採取開放(現場烹調)的、實物(明檔)的、圖形(演示)的展覽。這就
是當今點菜的流行方式。

四、開立「點菜單」

根據客戶需求,正確的開立「點菜單」,立即通知廚房作業,
準時上菜。

心得欄 _____

_____

_____

_____

_____

_____

51

點菜單的控制

　　點菜單也稱「取菜單」或「出品單」，是餐廳根據顧客點菜的要求而開出的，用於烹調的憑證，同時也是餐廳收款結帳的依據，是餐飲營業收入的第一張單據。

一、點菜單的作用

1. 顧客的點菜記錄

　　做好餐廳服務和出品品質的一個環節就是要求將顧客的品種需求準確地傳送出品部門，因此點菜單就是顧客對品種需求的原始記錄。

2. 烹調依據

　　所有烹調部門的出品依據就是點菜單上的信息，烹調部門烹製什麼品種，惟一的依據就是點菜單上的記錄。

3. 上菜依據

　　備餐間進行劃單上菜的惟一依據也是點菜單上所記載的信息。

4. 收款依據

　　收款處營業收入的原始憑證也是點菜單上記錄，給顧客進行結帳操作時，統計該單的款項依據就是點菜單記錄的品種名稱、銷售

數量和銷售價格。

5. 稽查依據

對烹調部門進行收入核算的依據就是點菜單上的出品記錄。根據點菜單上的記錄，可以把收入分為廚房、點心、燒鹵 3 個出品部門，以便進行相應稽查控制。

二、點菜單式樣

據現時流行的操作，點菜單式樣可分為兩種，一種是食品卡方式，一種是不用食品卡，直接在點菜單上抄寫，如圖 51-1 所示。

圖 51-1　某餐廳點菜單式樣（局部）

品種名稱	銷售規格	備註

台號：　　　　　　經手：　　　　　　時間：

食品卡方式就是先在食品卡寫上顧客的點菜信息，然後再分別抄寫成廚房單、海鮮單、燒鹵單、點心單（即分單過程），送到備餐間，跟上台號標誌（夾子）再送到各個出品部門。這就是傳統做法。也是大部份餐廳所應用的做法，它的特點是環節較多，操作比較繁

雜。

　　直接點菜單是新近流行的方式，它不用食品卡，顧客的點菜信息直接寫在單上（一式四聯或五聯），然後撕下單子送到有關出品部門。這種方法取消了食品卡的環節，現時部份中檔餐廳流行的做法如圖 51-2。

圖 51-2　直接點菜單式樣（局部）

台號：　　　　時間：	台號：　　　　時間：
名稱：	名稱：
No：　　　經手：	No：　　　經手：
台號：　　　　時間：	台號：　　　　時間：
名稱：	名稱：
No：　　　經手：	No：　　　經手：
台號：　　　　時間：	台號：　　　　時間：
名稱：	名稱：
No：　　　經手：	No：　　　經手：
台號：　　　　時間：	台號：　　　　時間：
名稱：	名稱：
No：　　　經手：	No：　　　經手：

台號：　　　　經手：　　　　茶葉：　　　　餐巾：

　　無論是何種形式的點菜單，都要傳遞三種信息：

　　一是基本信息。如日期、台號、經手人、點菜時間，匯總這些信息能夠統計出每天餐廳服務的客人數、各時段服務的客人數，以及每個點菜人員的點菜成績等。

二是點菜信息。包括品種名稱、銷售數量、銷售價格,匯總這些信息可統計出餐廳每天的營業收入,並在銷售過程中起著核算和控制營業收入、現金收入的作用。在其他經營分析中,這部份信息可作為菜單分析的主要來源。

三是存根。如點菜單的編號、日期、經手人、點菜單總金額、收款員簽字這類信息主要是解決內部責任的歸屬問題。

三、點菜單操作流程

點菜單的操作流程表示了餐飲機構內部控制的一個層面。任何一位餐飲管理者都應該重視這個操作流程,如果點菜單操作流程不順暢,會直接影響各部門的正常運作。

按照點菜單操作形式可分為食品卡點菜單操作流程和直接點菜單操作流程兩種,食品卡點菜單操作流程如圖 51-3 所示,直接點菜單操作流程如圖 51-4 所示。

心得欄 ----------------------------

圖 51-3　食品卡菜單循環

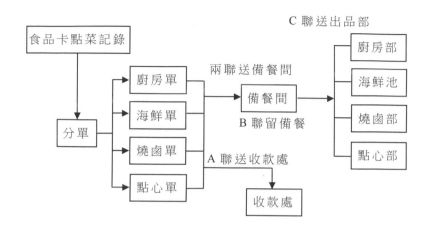

圖 51-4　直接　菜單循環

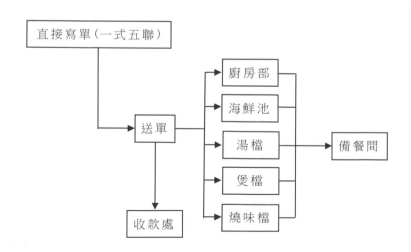

　　這兩種方式比較，圖 51-4 要比圖 51-3 要簡單得多，但後者沒有點心銷售的記錄，如果是要經營茶市的話，必須還要配上食品

卡。

在點菜單操作流程的控制中，要注意如下幾點：

1. 所有點菜單必須要有經手人的簽名，這是餐廳內部控制的一個基本要求。有了經手人的簽名，也就有了責任的歸屬。

2. 必須寫上點菜時間，這是現時餐廳對顧客的一種承諾，也是內部控制的一個基本要求。有了點菜時間的限制，就能夠把握上菜時間，就能夠知道控制上菜的速度。

3. 對品種名稱的叫法應該統一，點菜人員在填寫品種名稱時應予以統一，以免引起出品部門的誤會。

4. 對銷售規格應該寫清楚，品種的銷售規格一般都有相應的規定，所以品種的銷售不能超出規格的限制，因此在填寫銷售規格時必須填清楚，否則引起部門之間的誤會。

5. 如有特別需求也應該寫清楚，有些顧客喜歡加辣、偏淡、偏鹹等，如遇到諸如此類的要求，應在點菜單上寫清楚。

6. 送單必須要及時，因為點菜單是手工操作，所以送菜單要及時，以免拖延上菜時間。

52

餐廳的結帳控制

餐飲的營業收入來源就是結帳，結帳控制是餐廳與財務部之間的合作問題，也是餐廳內部控制問題。

一、結帳操作

結帳操作流程如圖 52-1 所示。

圖 52-1　結帳操作流程

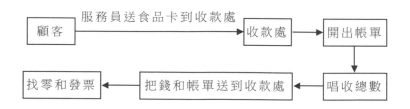

結帳操作一般是由顧客提出結帳，由服務員把顧客的食品卡送到收款處，由收款處根據各種單據開出帳單，交由部長(管理人員)送給顧客，唱收款項，再送回收款處，收款員憑單據結帳，找回零錢和票據(也有部份顧客不要票據的)，然後再由部長把零錢和票據送給顧客。如果是信用卡結帳、支票、內部簽單、外部簽單的結帳操作流程也基本一樣。

二、結帳控制的內容

餐飲收入的日常控制手段主要是結帳控制，必須設計和運用適當種類及數量的單據來控制餐飲收入的發生、取得和入庫，單單相符、環環相連。任何一單一環的短缺，整個控制可能脫節，差錯和舞弊可能隨之而來。餐飲收入活動涉及品種、單據、貨幣三個方面。

1. 收費項目

在餐廳時，收費項目包括出品營業收入、餐廳營業收入兩大類。出品營業收入可分為廚房部、點心部、海鮮池、燒鹵部等，如果是酒店餐飲部還有西餐等其他收入。餐廳營業收入可分為酒水、茶水、小食、紙巾、場租等。

在餐飲內部管理中，所有收費項目都是核定的，一般由決策層做出決定，其他人無權改變。

2. 許可權控制

在結帳控制中，許可權控制是個重要問題。因為在餐飲運作中，需要放權到基層，所以誰能夠簽多少折扣？誰能夠決定品種售價？必須做出相應的明確規定，這就是許可權控制。在餐飲機構內部必須明文規定許可權。

一般的餐廳運作，許可權有如下幾種：

⑴定價許可權，這是營業部經理和餐飲部經理的許可權。對餐廳裏銷售的菜單上的品種、海鮮品種、臨時增加的品種，營業部經理或餐飲部經理都應做明確的售價規定，並一式三份通知餐廳經理、收款處和財務部。售價一旦確定，任何人無權改動。收款處是

以此作為收款的依據，財務部則以此作為稽查的憑證。

(2)品種取消許可權，這是餐廳主管(或餐廳部長)以上管理人員的許可權，在顧客點菜和就餐過程中，經常發生品種的增加、改動、取消的事情，此類處理一般由餐廳主管以上的管理人員在食品卡和點菜單上簽字生效。

(3)免茶許可權，這是餐廳主管(或餐廳部長)以上管理人員的許可權。在餐廳經營中，對熟客經常採取免茶的手法以優惠顧客。免茶操作一般是在食品卡上簽上管理人員的名字，並註明原因，然後交上收款處處理。

(4)折扣許可權，這是餐廳經理以上管理人員的許可權。餐廳運作一般都有折扣許可權，有些餐廳是把它放在餐廳經理手上，有些餐廳是牢牢控制在餐飲部經理手上。有些餐廳則是按不同的管理層次分解不同的折扣許可權，如餐廳經理可以有九折優惠許可權，餐飲部經理可有八五折優惠許可權。折扣優惠的範圍必須要明確，大餐廳的折扣範圍僅是局限在廚房部、燒鹵部和點心部的出品，海鮮品種和促銷品種則少見折扣優惠。也有些餐廳為了吸引顧客，採取「全單折扣」的，即消費總額的折扣優惠。折扣許可權的操作與免茶操作基本相同。

(5)贈品許可權，有些餐廳為了吸引顧客，採取送啤酒、送水果的優惠手段，這些贈品許可權一般放到餐廳主管以上層次。其操作是在食品卡寫上贈品內容並簽上名字即可生效。

(6)有爭議問題處理，這是超出餐廳既定的許可權範圍處的突發事件的處理。遇到此類事件時，一般都是由餐廳經理以上的管理人員出面解決，並立即做出相應的規定規定。

三、收銀機控制

大部份餐廳裏的收款操作都是用收銀機進行的，也有部份餐廳是採用電腦聯網系統進行控制的。採用收銀機進行收款的優點是：一旦帳款、品種等資料輸入收銀機裏，有關人員就不易改動，收銀機就會如實留下改動的相應記錄，在稽查人員清機審查時，收銀機裏的所有記錄都將全部列印出來。有疑點的記錄，自然會受到追查。

收銀機一般有兩條匙，一是開機匙，一是清機匙（或改錯匙）。開機匙是由收款員保管，作打開收銀機用。清機匙是由餐廳經理掌握，如果收銀機要收市清機或操作上改錯、取消操作，就必須要用到清機匙。

每次銷售應用正確的順序將明細項目的數額鍵入收銀機，切記任何時候都不能心算出總額，將總額鍵入收銀機，或將幾張單匯總後，鍵入收銀機。每張帳單都應仔細核對，保證列印出來的項目、金額及其總額正確無誤。收款員應能熟背各種品種和酒水價格。

向客人收款，應把實際收到的款項金額鍵入收銀機，按照收銀機的顯示找零，如果在收銀機或找零時出現問題，不要與客人爭吵，應請餐廳經理來處理。

顧客要求取消或退換某項出品處理。有時由於服務人員粗心大意，接受客人點菜時，聽錯或記錯品種名稱，或由於廚房太忙出了差錯，或由於某些客人比較挑剔，退菜時有發生。無論什麼原因發生退菜，輸入收銀機的項目要取消或者調整。這時就由餐廳經理在點菜單及其帳單上將取消的項目圈起簽字，然後用清機匙打開，收

款員把取消的金額鍵入收銀機裏，再由餐廳經理在收銀機紙上簽字。未經餐廳經理批准，收款員無權私自取消帳單上的任何項目。

廚房取消某項出品處理。與客人退菜相反，廚房有時由於原料等原因無法製作某個品種，也需要在收銀機裏作取消項目處理。其操作與取消一樣。需要特別指出的是，降了餐飲部經理之外，餐廳任何人員無權取消收費項目和改動品種價格。

收款員不得自行開機修理，記錄紙帶應在即將用完之間換上新的，以保證收銀機記錄的完整性。

一般情況下，不得動用當班收入的現金付款，也不能用此發放找零用備用金。除非萬不得已，必須填寫現金支付單，並經財務主管批准。

收款主管和稽查人員應把監督檢查收銀機的操作作為日常控制工作的重要組成部份，經常查核收銀機，核對收銀機的金額讀數與實際盤點貨幣金額。核對時應剔除影響讀數的因素，盤點貨幣金額應剔除找零定額備用金等。在剔除這些因素後，如果實際盤點的貨幣金額大於收銀機的金額讀數，應查明原因。如果經常出現現金多餘的情況，應查明是否存在收款員在收銀機上少輸入或未輸入款項，企圖貪污部份款項的問題。

四、收款方式

結帳是餐廳對客服務技能之一，它直接關係到餐飲經營的經濟效益。服務員應熟練掌握餐廳結帳的形式和流程，瞭解本餐廳常見的結帳方式。一般餐廳常見的結帳方式有現金結帳、信用卡結帳、

支票結帳和簽章結帳等。

1. 現金結帳

⑴當賓客用餐完畢、示意結帳時，服務員應迅速到收銀台取出帳單，並將帳單夾或收銀盤遞送給賓客。

⑵不要主動、大聲報帳單總金額。

⑶賓客付現金後，應禮貌致謝，並將現金用帳單夾或收銀盤送到收銀台；然後，把找回的零錢和發票用收銀夾或收銀盤送交賓客，並讓賓客當面點清。

⑷再次致謝。

2. 信用卡結帳

⑴當賓客示意結帳時，用帳單夾或收銀盤將帳單遞送給賓客。

⑵確認賓客的信用卡，檢查持卡人性別、信用卡有效期，持卡人本人身份證，並向賓客致謝。

⑶將信用卡、身份證和帳單送交收銀台。

⑷收銀員再次檢查信用卡有效期、持卡人姓名、身份證，並核對信用卡公司的註銷名冊等；確認無誤後，填寫信用卡表格，刷卡辦理結帳手續。現在很多信用卡公司的刷卡機是電腦聯網，可以直接查詢客戶。如果賓客的帳單總數超過規定金額，則需要信用卡公司授權。

⑸請賓客確認帳單金額，並在信用卡表格上簽名。

⑹核對賓客簽名是否與信用卡背後簽名相同。

⑺將表格的「顧客副本」的存根、信用卡、身份證交還賓客，正本表格交收銀員保管。

⑻再次禮貌致謝

53

餐廳的收款管理

準確收款結帳，歡迎客人再次光臨。客人用餐結束時，服務人員要備好帳單，禮貌地請客人付款，對掛帳簽單的客人，要核對帳款，請客人簽字。收款員和餐廳服務員要密切配合，通力合作，防止發生差錯。

在結帳操作中，容易出現舞弊和差錯。主要表現在如下幾個方面。

1. 走單

是指故意使整張帳單走失，以達到私吞餐飲收入的目的。其作弊方法是：有意丟棄和毀掉帳單，私吞相應的收入；不開帳單，私吞款項；一單重覆收款。通常一張帳單只能用做一個對象，收一次錢，但收款員或其他人取出已收過錢的帳單向另一台顧客收款。由於同一張帳單收了兩次款，則可把其中一次裝入私囊。

2. 走數

是指帳單上的某一項目的數額或者該項目數額中的一部份走失。其作弊手法是：擅改菜價。在結算時把價格高的項目擅自減小，或者開帳單時把實際消費價格高的項目換為價格低的項目，使實際收取的款項大大小於應該收取的款項。漏計收入，在結算時故意漏計幾個項目，以減少帳單的消費總額。

3. 走餐

指不開帳單，也不收錢，白白走失營業收入。其手段是：餐廳服務人員與顧客串通一氣，顧客用餐後，讓其從容離去，而不向其結算餐費或者顧客實際消費的品種式樣多，而送到收款處的結帳和品種單少，使顧客少付款。在餐飲服務人員的親朋好友用餐時，這類作弊最容易發生。

餐飲收入工作繁雜，匯總環節較多，即使完全杜絕了舞弊問題，也不能絕對保證營業收入永遠正確，差錯時有發生。例如，帳單遺漏內容或電腦錯誤；外匯折算不正確；給予顧客的優惠折扣錯誤；帳單匯總計算發生錯誤等。

心得欄

圖 53-1　餐廳銷售中的舞弊及防範措施

項目	舞弊人	舞弊現象	防範
食品銷售	餐廳服務員	1. 客人訂菜不記訂單，從廚房領菜和飲料，將收到的款項私吞。	要求廚房必須憑訂單副聯生產和供應食品飲料
	服務員、廚房、收銀員溝通難控制	2. 向親朋好友供應食品飲料，訂單記代價或不記訂單不收款。	要求廚房必須憑訂單副聯生產和供應食品飲料，收銀員檢查訂單價。
	需經理現場監督	3. 使用用過的帳單或已向另一顧客收款的帳單向客人收款，私吞現款。	發給服務員訂單，編號記下，廚房按副聯供應食品飲料
	餐廳服務員及收銀員	4. 客人的款收到後，將訂單毀掉，吞下現金。	訂單必須編號
	如果廚房和餐廳服務員溝通難控制	5. 用私帶的客人訂單收款私吞現金；或使用兩種帳單，以高價帳向客人收錢，以正常價交款。	使用印有餐廳名字的特有訂單
		6. 按訂單收款，劃掉幾項菜註明退貨，實際私吞現款。	核對正副聯訂單，退貨要有記錄
	餐廳收銀員或服務員	7. 從客人處收款，說客人未付款溜走。	監視餐廳就餐區，防止客人溜走，要求記錄溜走事件。重新培訓和安排經常發生客人溜走事件的員工
		8. 收了現款，毀掉訂單，說未收訂單。	查清是收銀員還是服務員舞弊。要求收銀員在訂單存根上簽字
		9. 按客人訂單收現款，訂單作無效處理。	記帳要求客人出示房卡，記上房號和客人簽字，使用信用卡要壓印並要求顧客簽字

- 283 -

續表

食品銷售	餐廳收銀員或服務員	10. 按客人訂單收現款,按記帳處理。	派專人審計現金收入,核對訂單總額帳款和現金數額
		11. 漏記和少記總帳款,少算現金帳,吞下差額。	派專人審計現金收入核對訂單總額帳款和現金數額
		12. 私拿現金,說是不明原因短缺。	建立有效銷售收入記錄系統,將經常出現短缺現金者調離崗位
	調酒師、服務員	13. 克扣酒水量,扣下酒水的銷售收入裝進私囊,或將額外酒水私分。	要求用標準量器調配飲料,憑訂單收款,訂單要編號,憑空瓶領酒
		14. 多記流失量和免費贈送量,私吞這部份酒水收入或將額外酒水私分。	贈送酒要主管部門負責人簽字,退回的酒水不準倒掉。控制標準流失量,憑空瓶領酒
		15. 稀釋烈性酒或其他酒水,私吞額外收入或將額外酒水私分。	使用訂單收款並編號。憑空瓶領酒
		16. 以低質酒(如白蘭地)充當高質酒,將高價銷售的差額私吞。	要求訂單上寫清酒牌號,憑訂單收費
		17. 將零點酒合在一起算成整瓶的價格計算銷售收入,將差額裝入私囊。	使用收銀機打出帳單來收款或用訂單記錄各銷售項目的收款額
		18. 私帶酒水來銷售,使用私帶帳單收款私吞收入。	使用企業有標記的酒瓶銷售酒水,同時作好空瓶入庫存的管理。使用企業特有的訂單收款

54

餐飲服務品質的監督檢查

　　餐飲服務品質的監督檢查，是餐飲管理的重要內容之一，以責任和各項操作規範為保證，以提供優質服務為主要內容，並將部門所制定的具體品質目標分解到班組和個人，由品質管理辦公室或部門品質管理員協助部門經理負責對餐飲服務品質實施監督檢查。

一、餐飲服務品質檢查

　　根據餐飲服務品質內容對服務員禮節禮貌、儀表、儀容、服務態度、清潔衛生、服務技能和服務效率等方面的要求，將其歸納為「服務規格」、「就餐環境」、「儀表儀容」、「工作紀律」四個大項並按順序列一個詳細的檢查表。這種服務品質表既可以作為餐廳常規管理的細則，又可以將其數量化，作為餐廳與餐廳之間、班組與班組之間、個人與個人之間競賽評比或餐飲服務中考核的標準。

二、餐飲服務監督的內容

　　1.制定負責執行各項管理制度和崗位規範，抓好禮貌待客、優質服務教育，實現服務品質標準化、規範化。

2.通過回饋系統瞭解服務品質情況，及時總結工作中的正反典型事例的經驗和教訓並及時處理賓客投訴。

3.組織調查研究，提出改進和提高服務品質的方案、措施和建議，促進餐飲服務品質和餐飲經營管理水準的提高。

4.分析管理工作中的薄弱環節，改革規章制度，整頓工作紀律，糾正不正之風。

5.組織定期或不定期的現場檢查，開展評比和組織優質服務競賽活動。

三、提高服務品質的主要措施

1.從餐飲部經理到各級管理人員都應具備豐富的品質管理經驗，並以身作則。有關品質的標準和準則，如無強有力的督查手段是不可能被所有員工自覺的全盤接受並加以維護的。

2.關心和負責品質控制和品質維持的責任不僅是幾個人的事情，只有全員進行過程的管理和參與，才能有服務品質的穩定和提高。

3.餐飲各部門應該有清晰的職能劃分，各個崗位的工作人員應該有明確的職責分工，並嚴格遵循服務規格的規程，才能為賓客提供高品質的服務。

4.對已取得的品質成果要不斷加強和鞏固，並支援長期不懈地作出系統化的努力。

5.前台品質與後台品質必須一致，對兩者的控制也應步調一致。前台品質管理的目的是確立並加強通向積極循環的機制；後台

品質管理的目的是擁有可供選擇的各種品質管理和策略。

6. 隨著消費變革、價格波動和服務項目的變化而提出新的品質標準和實施計劃，並跟蹤監督實施。

7. 加強現場指揮，切實提高銷售水準和服務品質。

服務規範檢查表

1. 對進入餐廳的賓客是否問候、表示歡迎？

2. 迎接賓客是否使用敬語？

3. 使用敬語是否點頭致意？

4. 在通道上行走是否妨礙賓客？

5. 是否協助賓客入座？

6. 入席賓客是否端茶、送巾？

7. 是否讓賓客等候過久？

8. 回答賓客提問是否清脆、流利、悅耳？

9. 與賓客講話，是否先說「對不起，麻煩您了」？

10. 發生疏忽或不妥時，是否向賓客道歉？

11. 對告別結帳離座的賓客，是否說「謝謝」？

12. 接受點菜時，是否仔細聆聽並覆述？

13. 能否正確地解釋菜單？

14. 能否向賓客提出建議並進行適時推銷？

15. 能否根據點菜單準備好必要的餐具？

16. 斟酒是否按照操作規程進行？

17. 遞送物品是否使用托盤？

18. 上菜時，是否介紹菜名？

19. 賓客招呼時，能否迅速到達桌旁？

20. 撤換餐具時，是否發出過大聲響？

21. 是否及時、正確地更換煙灰缸？

22. 結帳是否迅速、準確、無誤？

23. 有否檢查賓客失落的物件？

24. 是否在送客後馬上翻台？

25. 翻台時，是否影響週圍賓客？

26. 翻台時，是否影響作規程作業？

27. 與賓客談話是否點頭行禮？

28. 是否能根據菜單預先備好餐具及佐料？

29. 持杯時，是否只握住下半部？

30. 領位、值台、上菜、斟酒時的站立、行走、操作等服務姿態是否符合規程？

就餐環境檢查

1. 玻璃門窗及鏡面是否清潔、無灰塵、無裂痕？

2. 窗框、工作台、桌椅是否無灰塵和污漬？

3. 地板有無碎屑及污痕？

4. 牆面有無污痕或破損處？

5. 盆景花卉有無枯萎、帶灰塵現象？

6. 牆面裝飾品有無破損、污痕？

7. 天花板是否清潔、有無污痕？

8. 天花板有無破損、漏水痕跡？

9. 通風口是否清潔，通風是否正常？

10. 燈管、燈罩有無脫落、破損、污痕？

11. 吊燈照明是否正常？吊燈是否完整？

12. 餐廳溫度和通風是否正常？

13. 餐廳通道有無障礙物？

14. 餐桌、椅子是否無破損、無灰塵、無污痕？

15. 廣告宣傳品有無破損、灰塵、污痕？

16. 菜單是否清潔，是否有缺頁、破損？

17. 台料是否清潔衛生？

18. 背景音樂是否適合就餐氣氛？

19. 背景音樂音量是否過大或過小？

20. 總的環境是否能吸引賓客？

員工儀表儀容檢查

1. 服務員是否按規定著裝半穿戴整齊？

2. 制服是否合體、清潔？有無破損、油污？

3. 名牌是否端正地掛於左胸前？

4. 服務員的打扮是否過分？

5. 服務員是否留有怪異髮型？

6. 男服務員是否蓄鬍鬚、留大鬢角？

7. 女服務的頭髮是否清潔、乾淨？

8. 外衣是否燙平、挺括、無污邊、無褶皺？

9. 指甲是否修剪整齊、不露出於指頭之外？

10. 牙齒是否清潔？

11. 口中是否發出異味？

12. 衣褲口袋中是否放有雜物？

13. 女服務員是否塗有彩色指甲油？

14. 女服務員髮夾式樣是否過於花哨？

15. 除手錶戒指外，是否還戴有其他的飾物？

16. 是否有濃妝豔抹的現象？

17. 使用香水是否過分？

18. 襯衫領口是否清潔並扣好？

19. 男服務員是否穿深色鞋襪？

20. 女服務員著裙時是否穿肉色長襪？

工作紀律檢查

1. 工作時間是否紮堆閒談或竊竊私語？

2. 工作時間是否大聲喧嘩？

3. 工作時間是否有人放下手中的工作？

4. 是否有人上班時間打私人電話？

5. 有無在櫃檯內或值班區域內隨意走動？

6. 有無交手抱臂或手插入衣袋現象？

7. 有無在前台區域吸煙、喝水、吃東西現象？

8. 上班時間有無看書、幹私事行為？

9. 有無有賓客面前打哈欠、伸懶腰的行為？

10. 值班時有無倚、靠、趴在櫃檯的現象？

11. 有無隨背景音樂哼唱現象？

12. 有無對賓客指指點點的動作？

13. 有無嘲笑賓客失慎的現象？

14. 有無在賓客投訴時作辯解的現象？

15. 有無不理會賓客詢問？

16. 有無在態度上、動作上向賓客撒氣的現象？

17. 有無對賓客過分親熱的現象？

18. 有無對熟客過分隨便的現象？

19. 對賓客是否能一視同仁，又能提供個別服務？

20. 有沒有對老、幼、殘賓客提供方便服務？

心得欄

55

店長如何改善服務的作法

一、設立服務品質的標準

若要改善服務品質，就必須事先清楚描繪出所希望服務人員之行為表現的模式，然後才能夠據以去評斷他們的表現。

當完成上述之工作底稿後，接著應對每一種職務的服務標準給予等級排序，並針對每種標準列出一種以上可觀察到的重要指標。

一旦獲得上述服務標準及其相關性的指標後，接下來則與現今經營管理與標準，予以對照考量是否契合。如果能更清楚地強調所要求的服務標準，員工將更能有效地提供出所期望的服務水準。

因此，為了清楚劃分出什麼是明確可計算的指標，什麼是無法計算的指標，表 55-1 詳盡加以列出，以比較兩者之差異性。

表 55-1　服務品質標準的重要手段

服務品質標準	重要指標例子
服務常是時機性	1.顧客進入餐廳從下後，服務人員在 6 秒內趨前致意。 2.西餐沙拉用完後，4~5 分鐘內上主菜。
服務動線順暢	1.領櫃人員帶位時的權宜之計。 2.在餐廳內每個服務區的服務環節先後進度不同。
制度可順應顧客的需求	1.菜單可替換及合併點菜。 2.顧客要求的事項，近 9 成是可以實現的。
預期顧客的需求	1.主動替顧客添加飲料。 2.主動替幼兒提供兒童椅。
與顧客及服務同仁做有效的雙向溝通	1.每道菜都是顧客所點的菜。 2.服務人員彼此間相互支援。
尋求顧客反應及意見	1.服務人員至少問候 1 次用餐團體關於菜色或服務的意見。 2.服務人員將顧客意見轉述給經理人。
服務流程的督導	1.每個服務樓面有 1 位主管現場督導。 2.現場主管至少與每桌顧客接觸問候 1 次。
服務人員表現出正面的服務態度	1.服務人員臉上常掛著微笑。 2.服務人員百分之百友善地對待顧客。
服務人員表現出正面的肢體語言	1.與顧客交談時，必須雙眼正視對方。 2.服務員的雙手盡可能遠離顧客的臉部。

續表

服務人員是發自內心來關心顧客	1. 每天至少有 10 位顧客提及服務良好。 2. 顧客指定服務人員。
服務人員做有效的菜色推薦	1. 服務人員對每桌的顧客所點每道菜的特色能做正確的說明。
服務人員是優良的業務代表	除主菜這外，建議再點 1 道菜(例如飯後甜點、飯後酒、開胃菜)。
服務人員說話語調非常的友善、親切	主管認為服務人員的說話語調是滿分的。
服務人員使用適時合宜的語言	使用正確的語法，避免用俚語。
稱呼顧客的名字	顧客用餐中，至少稱呼其名 1 次。
對於顧客抱怨處理得當	所有抱怨的顧客都可以得到滿意的解決。

二、服務品質加以評估

在進行服務評估前，得先釐清現行提供給客人的服務如何？如何去衡量？

因此，亦即找出現行的服務準則，並指出現行服務標準的服務及弱勢點，藉此反映問題的癥結所在，同時也可比較出提供客人服務現行標準與理想期望值之間的差距。尤其身為餐飲業經理人或業主，必須將服務的一般觀念，轉換成為具體的服務手法，並加以排序其重要性。

- 294 -

表 55-2　服務評估範例

服務動線的整合	投入性
1. 每桌服務流程的步驟不同 2. 服務人員服務步調大方穩重。 3. 廚房或吧台準時遞送商品。 4. 顧客於特定時間內獲得服務。	1. 當顧客標中尚餘四分之一的飲料時，已要求多加另一杯飲料。 2. 隨時可提供確切的東西或設備。 3. 顧客無需要求任何種類的服務，服務人員已自動提供
時機性	**微笑的肢體語言**
1. 顧客入座後 6 秒內，即有服務人員趨身向前招呼。 2. 顧客點酒後 3 分鐘內即送上。 3. 主菜於沙拉碗用比後 3 分鐘內上桌。 4. 於最後一道菜收拾畢後，3 分鐘內給帳單。 5. 顧客用餐完畢離席後，桌面重新擺設，於 1 分鐘內完成。	1. 全體服務人員符合工作時的服裝儀容標準。 2. 全體服務人員面帶微笑。 3. 舉止行為文雅、平穩、收斂、有精神的。 4. 在顧客面前不抽煙、嚼口香糖。 5. 與顧客交談時，雙眼注視對方。 6. 手臂動作收斂。 7. 臉部表情適當。
順應性	**友善的語調**
1. 菜色順應顧客要求而調整。 2. 將特殊顧客的要求轉達給經理。 3. 順應行動不便顧客的要求。 4. 特殊節慶的認定及處理。	服務人員說話語氣隨時保持精神充沛及熱忱。 ・剛開始當班時 ・當班期間 ・快下班時

續表

督導	顧客反應
1. 餐廳樓面隨時可見一位經理於現場督導。 2. 經理親自處理顧客抱怨問題。 3. 經理當班時徵詢用餐顧客的意見。	1. 上菜後 2 分鐘內詢問顧客意見。 2. 要求顧客於用餐完畢後給予評語。
雙向溝通	**肯定的態度**
1. 服務人員填寫菜單時，字跡清晰、整齊，使用正確的簡寫。 2. 服務人員說話語氣清楚。 3. 服務人員具備傾聽技巧。	1. 服務人員完全地表現出愉悅及協調性。 2. 服務人員完全地表現出高度服務的熱忱。 3. 服務人員樂於工作。 4. 服務人員相互合作無間。
有效的銷售技巧	**機智的用字**
1. 服務人員有效的推薦菜色，使得顧客充分瞭解商品特色。 2. 推薦某樣菜色時，服務人員可以說出其特色及其優點。	1. 遣辭用字正確。 2. 使用正確的方法。 3. 服務人員之間避免使用俚語。4.服務人員之間避免摩擦。
稱呼客人的名字	**圓滑的解決問題**
1. 稱呼常客的名字。 2. 假如以某人登記訂位時，一律尊稱所屬之某團體。 3. 顧客使用信用卡結帳後，一律稱呼顧客的名字。	1. 抱怨的顧客在離開餐廳時，問題都能圓滿地解決。 2. 經理親自與抱怨的顧客洽談。 3. 問題的解決方式，能針對顧客的所提出的問題來解決。
關心	**備註**
1. 關心每桌顧客的不同需求。 2. 關心年長顧客的需求。 3. 尊重顧客消費額度。	評分：C→持續性的 I→非持續性的 N→不存在的

三、評估後的獎懲

下列有 3 種方法可提供經理人及服務人員，作為他們改善服務方法的參考：

1. 以服務品質的標準，作為平日工作表現的評估。
2. 將銷售記錄製表。
3. 鼓勵有建樹性的顧客意見。

四、獎勵的方式

1. 給予特殊或促銷項目某一比例的現金，回饋獎勵。
2. 給予一筆現金，獎勵某項的銷售成績。
3. 以銷售量為基準，給予某一比例的紅利。
4. 針對團體所共創之業績，可給予團體獎勵。
5. 制定利潤分享制度，來鼓勵團體共創業績。
6. 提供一瓶洋酒，以為當日洋酒銷售冠軍的獎勵。
7. 提供洋酒銷售總冠軍者，公假免費的品酒鑑賞研討會。
8. 在雞尾酒銷售最佳的當日，提供員工免費的雞尾酒試飲。
9. 提供 2 人 3 天 2 夜的渡假免費食宿招待。
10. 免費招待 2 人用餐。
11. 針對每月、每季最佳銷售人員，提供特殊的獎勵。
12. 給予文化活動的招待券。
13. 額外給予休假。

14. 給予禮券。

15. 給予免費運動衣。

16. 舉辦團體慶祝活動或郊外烤肉。

17. 公佈得獎人姓名、事蹟。

18. 贈予獎牌。

19. 予以免費停車特權。

20. 加薪。

21. 團體旅遊

22. 給予特殊成就標誌的別針。

23. 給予優先選擇工作輪班時段。

24. 交由主客予以口頭獎勵。

心得欄 _____

_____

_____

_____

_____

_____

56

餐飲業的投訴處理

經營餐飲業不可能沒有顧客投訴，顧客投訴並不都是壞事。從某種意義上說，如果沒有投訴，餐廳將得不到顧客對出品品質和服務品質的回饋，那麼可以想像得到的結果是，這個餐廳的顧客越來越少，因為顧客不投訴，有意見不提出來，自然就會流失顧客，喪失市場佔有率。

因此，顧客投訴只要處理妥善，可以讓壞事變好事。大量的事實說明，餐飲管理者只要能夠妥善處理好顧客的投訴，不僅可以將壞事變成好事，而且還可以為餐廳贏得更多的聲譽。

一、引起投訴的原因

在餐廳服務運用中，雖然我們力求服務怎樣規範、標準和靈活多變，但顧客投訴卻總是不可避免的。引起顧客投訴的原因有很多，歸納起來，主要有如下 5 類：

1.產品品質是常見的投訴原因之一。如服務態度不好、服務流程不對、上菜速度沒有達到預定的要求、上菜操作不當、餐廳突發事故、在結帳中產生疑問等。

2.服務品質也是常見的投訴原因之一。如服務態度不好、服務

流程不對、上菜速度沒有達到預定的要求、上菜操作不當、餐廳突發事故、在結帳中產生疑問等。

3.情緒不穩定是指顧客喝醉酒，或者是顧客自己心情不好，無事找事，只是想發洩一下。

4.誤會也是引起投訴原因的一種。例如價格說明不清楚、優惠說明不清楚等。

5.法律責任。例如在餐廳裏丟了錢包、摔傷了而引起法律訴訟。

二、處理投訴的基本流程

儘管每次顧客投訴的問題都不一要樣，但對餐廳來說，處理顧客投訴的基本流程卻是一樣的。

1.認真傾聽

發生顧客投訴，管理者首先要認真傾聽顧客的訴說，瞭解事件過程的真相，判斷事件的性質。

認真傾聽很重要，它能夠讓顧客感覺到你所是在傾聽他的訴說，說明餐廳對他的重視，同時也表現了餐廳的誠意。通過傾聽，管理者可以迅速瞭解顧客投訴的過程，掌握事件的發展情形，從而判斷該次投訴的性質是屬於一般投訴還是特別投訴。

認真傾聽就是將注意力集中到顧客所說的話上，神情要專注，要面帶微笑，使顧客覺得你是可信的。

2.分析原因

通過傾聽，管理者判斷出顧客投訴的性質，也就能分析出造成顧客的原因，知道這一點很重要，它說明了你應該怎樣處理這個顧

客投訴。

引起顧客投訴的原因也許是錯綜複雜的，但無論是何種原因，既然顧客投訴了，管理者就不能回避，不能視而不見。如果你在傾聽中對某些環節不清楚，就要用恰當的方式向顧客提問，以便瞭解事情的真相。

不管是一般投訴還是嚴重的投訴，既然顧客投訴了，就不是一件小事情。管理者應當從中找出引起顧客投訴的原因，知道了原因，管理者就有解決問題的辦法了。此中，要特別注意被包含在表像內部的投訴原因，有些投訴表面看來是這樣，其實顧客投訴的目的不是他所說的那樣，這就需要管理者有一定的經驗和分析事物的能力。

3. 道歉

道歉是處理顧客投訴必要的流程。

無論何種原因引起的顧客投訴，管理者在處理時，第一時間應該是道歉。儘管有時並不是餐廳本身的錯，但在引起顧客不滿意這一點上，管理者應該代表餐廳或代表企業向顧客道歉。

其中，「得理也讓人」是值得所有餐飲管理者遵守的道理。

4. 處理投訴

處理投訴就是做出處理決定。

如果是出品品質方面的投訴，最佳的效果是給顧客換一個品種，而且是無條件的更換。有時管理者不應該太側重於成本方面的考慮，而應該側重於企業聲譽角度來考慮出品品質方面的投訴。

如果是服務品質方面的投訴，最佳的效果是贈一些啤酒或是水果，以撫平顧客的不滿。餐飲管理者要記住，顧客永遠都不會拒絕

餐廳給予的優惠。

如果是其他方面的投訴，管理者應迅速做出反應，控制事態擴大，儘量不要影響其他客人的用餐。

每個餐廳、每位管理者在每一次的顧客投訴中的處理手法都不盡相同的，這裏沒有金科玉律，也沒有可以模仿的方法，只有值得借鑑的方法。

5.保證措施

顧客投訴從某個側面反映了餐飲運作方面的問題，聰明的管理者應該懂得從每一次顧客投訴中，總結經驗，吸取教訓，並能夠想到，以後有什麼措施保證不再發生此類事情。

三、投訴的處理原則

為服務人員將客訴的問題、采分類的方式來歸納解決，並學習較為專業的處理問題技巧，視需要再委任公司高層人員協助處理，下分六大類。

1.菜色與品質

中西餐較難以比照速食作業方式，達到全產品菜色的標準化，由於廚師的手藝，對產品的調配、制程、份量很難達到均一的程度，常常會導致客訴的發生。發生此類狀況的時點，多半集中在尖峰時段客滿或人手不足的情況下。此外，尤其以中餐廳發生的頻率較高。

解決要領：解釋、增補、更換。

2.金錢與差額

這多半與人為疏忽有關，無論業者使用的收銀系統是屬於手動

或自動化設備(如 TEC 或 MICROS 系統),由於找錢的關卡仍舊必須
是人為的行為,多退少補的情形自然容易產生。

公司內部應訂定出各階層營運人員對於差額補退的處理規
定,譬如服務人員差額補退的處理埃塞俄比亞,譬如服務人員界定
僅能處理平均單價在 300 元左右的差額,經理人員可處理 1000 元
以內的差額等等。當然這項流程必須檢核相關的帳目及單據,並應
列入記錄,以理作為每日、每月結帳時的依據。

解決要領:檢核、補退、記錄。

3. 食物中異物

無論異物的產生來自何處,發生狀況的同時,倘若影響顧客的
安全,必須妥善保存剩餘產品的完整性,並即刻送醫。在事件未獲
得澄清之前,不得擅自承認過失或否認錯誤,應以安撫為重點,盡
速取得顧客的相關資料,向上呈報。但若為一般性異常食物的抱
怨,則改以更換為主,以示對顧客用餐的負責行為。

解決要領:瞭解、更換、送醫。

4. 設施與安全

地面不平、樓梯易滑、廁所馬桶故障、燈具故障等等,店內的
設備與材料或多或少會因施工及使用年限的問題,而導致顧客使用
的不便,甚至影響老年人或幼齡兒童的安全,除設法增設老弱殘障
者的相關附屬設施外,一旦餐廳內遇有故障或損壞,應盡快替換。

解決要領:道歉、換修、記錄。

5. 清潔與服務

這是營運上訓練的問題,服務的準則與執行是否貫徹,是相當
重要的事,執行是否貫徹,是相當重要的事。台灣餐飲業自外食產

業導入後，除了品質提升外，易遭人詬病的就是服務與衛生方面的問題，因此對於應對禮儀及清潔流程，應不斷加以檢測，以維持店內的紀律與形象。

解決要領：

⑴訓練、檢測、考核。

⑵對顧客所詬病的項目要立刻改善，並建立制度，以杜絕類似情形的發生。

6. 座位與時效

這種情形最易發生於地狹人稠的台北市區，小店舖開發是未來餐飲經營的趨勢，但面臨日益增多的人口與顧客流量，只有以軟性及較為科學化的辦法來解決，如加強座位的週轉率、調解座位與空間的安排、餐點供應速度的提高。

解決要領：規劃、電腦作業、促銷。

四、客訴處理流程

聰明的餐飲業從業人員都知道，迅速處理顧客抱怨，並且處理得當，可以把原本不滿意的顧客變為最忠實的顧客，甚至成為常客。

所以在處理抱怨之前，應該先研究其發生的原因以及防止的方法。

1. 顧客抱怨發生的原因

⑴對於餐廳從業人員而言，產品的知識也許是一種簡單的常識，但對於顧客卻不盡然。常見的情形是，因為服務人員或櫃檯人員疏於說明，譬如新的菜色、新的促銷回饋案、新的設施使用方式

等等，而導致顧客的不滿。

⑵菜色本身有缺陷、美中不足之處。

⑶整體的服務態度不佳。

⑷在餐廳內用餐或外帶、外送的產品叫制錯誤，打單失誤或是結帳錯誤所產生的不滿。

⑸店內的硬體設施設置不週，或有導致顧客使用危險之虞。

2.防止顧客抱怨的方法

⑴使自己成為顧客喜歡而且信任的服務人員

一般顧客對於具有好感的服務人員，多半不會提出太多的責難，但是假如服務人員語氣不悅，或面露難色，造成顧客印象不佳，則顧客吹毛求疵或雞蛋裏挑骨頭的情形就較易產生。

⑵切記利用時間，主動進行問候性的訪問

等待顧客用餐完畢，以水杯、飲料或贈品的方式，與顧客閒聊、就座，並試問餐廳軟硬體方面的看法與建議，這種方式收效頗大。

⑶充分確認所提供出去的餐點完整性及金額

為避免其後衍生不必要的糾紛，惟有從店舖品質管理、收銀管制做起，執行覆核工作，以減少出錯的機率。

⑷預先分析各種抱怨的類型以及追蹤研製對各種應對的技巧。

累積經驗與教訓，是磨練的不二法門，每週、每月將結果定期宣導，是杜絕客訴的好方法。

3.杜絕顧客抱怨的方法

⑴絕對避免辯解，並立即表示歉意。

⑵傾聽顧客說話，並且要有耐心聽完，切忌打斷。

⑶保持自信，並將顧客帶離用餐環境以免影響他人用餐。

⑷如果瞭解問題的原因乃為能力之所及，必須立即予以解決，力求迅速而確實。

⑸如遇問題非自己能力所及者，切莫推拖，先行簡述公司的基本政策，然後給予答覆的時間，作成記錄，呈報總公司或管理人員來處理。

⑹追蹤抱怨做成案例，詢問訪談不同的顧客，找出重覆發生的機率及種類。

心得欄 _____

_____

_____

_____

_____

_____

臺灣的核心競爭力，就在這裏！

圖　書　出　版　目　錄

下列圖書是由臺灣的憲業企管顧問（集團）公司所出版，秉持專業立場，特別注重實務應用，50 餘位顧問師為企業界提供最專業的各種經營管理類圖書。

1. 傳播書香社會，直接向本出版社購買，一律 9 折優惠，郵遞費用由本公司負擔。服務電話(02)27622241　(03)9310960　　傳真(03)9310961
2. 付款方式：請將書款轉帳到我公司下列的銀行帳戶。
   ・銀行名稱：合作金庫銀行（敦南分行）　帳號：**5034-717-347447**
   　公司名稱：憲業企管顧問有限公司
   ・郵局劃撥號碼：**18410591**　　郵局劃撥戶名：憲業企管顧問公司
3. 圖書出版資料隨時更新，請見網站 **www.bookstore99.com**

經營顧問叢書

25	王永慶的經營管理	360 元		122	熱愛工作	360 元
47	營業部門推銷技巧	390 元		124	客戶無法拒絕的成交技巧	360 元
52	堅持一定成功	360 元		125	部門經營計劃工作	360 元
56	對準目標	360 元		129	邁克爾・波特的戰略智慧	360 元
60	寶潔品牌操作手冊	360 元		130	如何制定企業經營戰略	360 元
72	傳銷致富	360 元		132	有效解決問題的溝通技巧	360 元
76	如何打造企業贏利模式	360 元		135	成敗關鍵的談判技巧	360 元
78	財務經理手冊	360 元		137	生產部門、行銷部門績效考核手冊	360 元
79	財務診斷技巧	360 元				
85	生產管理制度化	360 元		139	行銷機能診斷	360 元
86	企劃管理制度化	360 元		140	企業如何節流	360 元
91	汽車販賣技巧大公開	360 元		141	責任	360 元
97	企業收款管理	360 元		142	企業接棒人	360 元
100	幹部決定執行力	360 元		144	企業的外包操作管理	360 元
106	提升領導力培訓遊戲	360 元		146	主管階層績效考核手冊	360 元
116	新產品開發與銷售	400 元		147	六步打造績效考核體系	360 元

148	六步打造培訓體系	360 元		229	產品經理手冊	360 元
149	展覽會行銷技巧	360 元		230	診斷改善你的企業	360 元
150	企業流程管理技巧	360 元		232	電子郵件成功技巧	360 元
152	向西點軍校學管理	360 元		234	銷售通路管理實務〈增訂二版〉	360 元
154	領導你的成功團隊	360 元		235	求職面試一定成功	360 元
155	頂尖傳銷術	360 元		236	客戶管理操作實務〈增訂二版〉	360 元
160	各部門編制預算工作	360 元		237	總經理如何領導成功團隊	360 元
163	只為成功找方法，不為失敗找藉口	360 元		238	總經理如何熟悉財務控制	360 元
				239	總經理如何靈活調動資金	360 元
167	網路商店管理手冊	360 元		240	有趣的生活經濟學	360 元
168	生氣不如爭氣	360 元		241	業務員經營轄區市場（增訂二版）	360 元
170	模仿就能成功	350 元				
176	每天進步一點點	350 元		242	搜索引擎行銷	360 元
181	速度是贏利關鍵	360 元		243	如何推動利潤中心制度（增訂二版）	360 元
183	如何識別人才	360 元				
184	找方法解決問題	360 元		244	經營智慧	360 元
185	不景氣時期，如何降低成本	360 元		245	企業危機應對實戰技巧	360 元
186	營業管理疑難雜症與對策	360 元		246	行銷總監工作指引	360 元
187	廠商掌握零售賣場的竅門	360 元		247	行銷總監實戰案例	360 元
188	推銷之神傳世技巧	360 元		248	企業戰略執行手冊	360 元
189	企業經營案例解析	360 元		249	大客戶搖錢樹	360 元
191	豐田汽車管理模式	360 元		250	企業經營計劃〈增訂二版〉	360 元
192	企業執行力（技巧篇）	360 元		252	營業管理實務（增訂二版）	360 元
193	領導魅力	360 元		253	銷售部門績效考核量化指標	360 元
198	銷售說服技巧	360 元		254	員工招聘操作手冊	360 元
199	促銷工具疑難雜症與對策	360 元		256	有效溝通技巧	360 元
200	如何推動目標管理（第三版）	390 元		257	會議手冊	360 元
201	網路行銷技巧	360 元		258	如何處理員工離職問題	360 元
204	客戶服務部工作流程	360 元		259	提高工作效率	360 元
206	如何鞏固客戶（增訂二版）	360 元		261	員工招聘性向測試方法	360 元
208	經濟大崩潰	360 元		262	解決問題	360 元
215	行銷計劃書的撰寫與執行	360 元		263	微利時代制勝法寶	360 元
216	內部控制實務與案例	360 元		264	如何拿到 VC（風險投資）的錢	360 元
217	透視財務分析內幕	360 元				
219	總經理如何管理公司	360 元		267	促銷管理實務〈增訂五版〉	360 元
222	確保新產品銷售成功	360 元		268	顧客情報管理技巧	360 元
223	品牌成功關鍵步驟	360 元		269	如何改善企業組織績效〈增訂二版〉	360 元
224	客戶服務部門績效量化指標	360 元				
226	商業網站成功密碼	360 元		270	低調才是大智慧	360 元
228	經營分析	360 元				

272	主管必備的授權技巧	360 元
275	主管如何激勵部屬	360 元
276	輕鬆擁有幽默口才	360 元
277	各部門年度計劃工作（增訂二版）	360 元
278	面試主考官工作實務	360 元
279	總經理重點工作（增訂二版）	360 元
282	如何提高市場佔有率（增訂二版）	360 元
283	財務部流程規範化管理（增訂二版）	360 元
284	時間管理手冊	360 元
285	人事經理操作手冊（增訂二版）	360 元
286	贏得競爭優勢的模仿戰略	360 元
287	電話推銷培訓教材（增訂三版）	360 元
288	贏在細節管理（增訂二版）	360 元
289	企業識別系統 CIS（增訂二版）	360 元
290	部門主管手冊（增訂五版）	360 元
291	財務查帳技巧（增訂二版）	360 元
292	商業簡報技巧	360 元
293	業務員疑難雜症與對策（增訂二版）	360 元
294	內部控制規範手冊	360 元
295	哈佛領導力課程	360 元
296	如何診斷企業財務狀況	360 元
297	營業部轄區管理規範工具書	360 元
298	售後服務手冊	360 元
299	業績倍增的銷售技巧	400 元
300	行政部流程規範化管理（增訂二版）	400 元
301	如何撰寫商業計畫書	400 元
302	行銷部流程規範化管理（增訂二版）	400 元
303	人力資源部流程規範化管理（增訂四版）	420 元
304	生產部流程規範化管理（增訂二版）	400 元
305	績效考核手冊(增訂二版)	400 元

306	經銷商管理手冊(增訂四版)	420 元
307	招聘作業規範手冊	420 元
308	喬・吉拉德銷售智慧	400 元
309	商品鋪貨規範工具書	400 元
310	企業併購案例精華（增訂二版）	420 元
311	客戶抱怨手冊	400 元
312	如何撰寫職位說明書(增訂二版)	400 元
313	總務部門重點工作（增訂三版）	400 元

《商店叢書》

10	賣場管理	360 元
18	店員推銷技巧	360 元
30	特許連鎖業經營技巧	360 元
35	商店標準操作流程	360 元
36	商店導購口才專業培訓	360 元
37	速食店操作手冊〈增訂二版〉	360 元
38	網路商店創業手冊〈增訂二版〉	360 元
40	商店診斷實務	360 元
41	店鋪商品管理手冊	360 元
42	店員操作手冊（增訂三版）	360 元
43	如何撰寫連鎖業營運手冊〈增訂二版〉	360 元
44	店長如何提升業績〈增訂二版〉	360 元
45	向肯德基學習連鎖經營〈增訂二版〉	360 元
46	連鎖店督導師手冊	360 元
47	賣場如何經營會員制俱樂部	360 元
48	賣場銷量神奇交叉分析	360 元
49	商場促銷法寶	360 元
50	連鎖店操作手冊（增訂四版）	360 元
51	開店創業手冊〈增訂三版〉	360 元
52	店長操作手冊（增訂五版）	360 元
53	餐飲業工作規範	360 元
54	有效的店員銷售技巧	360 元
55	如何開創連鎖體系〈增訂三版〉	360 元
56	開一家穩賺不賠的網路商店	360 元

57	連鎖業開店複製流程	360 元
58	商鋪業績提升技巧	360 元
59	店員工作規範（增訂二版）	400 元
60	連鎖業加盟合約	400 元
61	架設強大的連鎖總部	400 元
62	餐飲業經營技巧	400 元

《工廠叢書》

13	品管員操作手冊	380 元
15	工廠設備維護手冊	380 元
16	品管圈活動指南	380 元
17	品管圈推動實務	380 元
20	如何推動提案制度	380 元
24	六西格瑪管理手冊	380 元
30	生產績效診斷與評估	380 元
32	如何藉助 IE 提升業績	380 元
35	目視管理案例大全	380 元
38	目視管理操作技巧(增訂二版)	380 元
46	降低生產成本	380 元
47	物流配送績效管理	380 元
49	6S 管理必備手冊	380 元
51	透視流程改善技巧	380 元
55	企業標準化的創建與推動	380 元
56	精細化生產管理	380 元
57	品質管制手法〈增訂二版〉	380 元
58	如何改善生產績效〈增訂二版〉	380 元
67	生產訂單管理步驟〈增訂二版〉	380 元
68	打造一流的生產作業廠區	380 元
70	如何控制不良品〈增訂二版〉	380 元
71	全面消除生產浪費	380 元
72	現場工程改善應用手冊	380 元
75	生產計劃的規劃與執行	380 元
77	確保新產品開發成功（增訂四版）	380 元
78	商品管理流程控制(增訂三版)	380 元
79	6S 管理運作技巧	380 元
80	工廠管理標準作業流程〈增訂二版〉	380 元
81	部門績效考核的量化管理（增訂五版）	380 元

82	採購管理實務〈增訂五版〉	380 元
83	品管部經理操作規範〈增訂二版〉	380 元
84	供應商管理手冊	380 元
85	採購管理工作細則〈增訂二版〉	380 元
86	如何管理倉庫（增訂七版）	380 元
87	物料管理控制實務〈增訂二版〉	380 元
88	豐田現場管理技巧	380 元
89	生產現場管理實戰案例〈增訂三版〉	380 元
90	如何推動 5S 管理（增訂五版）	420 元
91	採購談判與議價技巧	420 元
92	生產主管操作手冊(增訂五版)	420 元
93	機器設備維護管理工具書	420 元

《醫學保健叢書》

1	9 週加強免疫能力	320 元
3	如何克服失眠	320 元
4	美麗肌膚有妙方	320 元
5	減肥瘦身一定成功	360 元
6	輕鬆懷孕手冊	360 元
7	育兒保健手冊	360 元
8	輕鬆坐月子	360 元
11	排毒養生方法	360 元
13	排除體內毒素	360 元
14	排除便秘困擾	360 元
15	維生素保健全書	360 元
16	腎臟病患者的治療與保健	360 元
17	肝病患者的治療與保健	360 元
18	糖尿病患者的治療與保健	360 元
19	高血壓患者的治療與保健	360 元
22	給老爸老媽的保健全書	360 元
23	如何降低高血壓	360 元
24	如何治療糖尿病	360 元
25	如何降低膽固醇	360 元
26	人體器官使用說明書	360 元
27	這樣喝水最健康	360 元
28	輕鬆排毒方法	360 元
29	中醫養生手冊	360 元

30	孕婦手冊	360 元
31	育兒手冊	360 元
32	幾千年的中醫養生方法	360 元
34	糖尿病治療全書	360 元
35	活到 120 歲的飲食方法	360 元
36	7 天克服便秘	360 元
37	為長壽做準備	360 元
39	拒絕三高有方法	360 元
40	一定要懷孕	360 元
41	提高免疫力可抵抗癌症	360 元
42	生男生女有技巧〈增訂三版〉	360 元

《培訓叢書》

11	培訓師的現場培訓技巧	360 元
12	培訓師的演講技巧	360 元
14	解決問題能力的培訓技巧	360 元
15	戶外培訓活動實施技巧	360 元
17	針對部門主管的培訓遊戲	360 元
20	銷售部門培訓遊戲	360 元
21	培訓部門經理操作手冊（增訂三版）	360 元
22	企業培訓活動的破冰遊戲	360 元
23	培訓部門流程規範化管理	360 元
24	領導技巧培訓遊戲	360 元
25	企業培訓遊戲大全(增訂三版)	360 元
26	提升服務品質培訓遊戲	360 元
27	執行能力培訓遊戲	360 元
28	企業如何培訓內部講師	360 元
29	培訓師手冊（增訂五版）	420 元
30	團隊合作培訓遊戲(增訂三版)	420 元

《傳銷叢書》

4	傳銷致富	360 元
5	傳銷培訓課程	360 元
7	快速建立傳銷團隊	360 元
10	頂尖傳銷術	360 元
12	現在輪到你成功	350 元
13	鑽石傳銷商培訓手冊	350 元
14	傳銷皇帝的激勵技巧	360 元
15	傳銷皇帝的溝通技巧	360 元
19	傳銷分享會運作範例	360 元
20	傳銷成功技巧（增訂五版）	400 元

21	傳銷領袖（增訂二版）	400 元
22	傳銷話術	400 元

《幼兒培育叢書》

1	如何培育傑出子女	360 元
2	培育財富子女	360 元
3	如何激發孩子的學習潛能	360 元
4	鼓勵孩子	360 元
5	別溺愛孩子	360 元
6	孩子考第一名	360 元
7	父母要如何與孩子溝通	360 元
8	父母要如何培養孩子的好習慣	360 元
9	父母要如何激發孩子學習潛能	360 元
10	如何讓孩子變得堅強自信	360 元

《成功叢書》

1	猶太富翁經商智慧	360 元
2	致富鑽石法則	360 元
3	發現財富密碼	360 元

《企業傳記叢書》

1	零售巨人沃爾瑪	360 元
2	大型企業失敗啟示錄	360 元
3	企業併購始祖洛克菲勒	360 元
4	透視戴爾經營技巧	360 元
5	亞馬遜網路書店傳奇	360 元
6	動物智慧的企業競爭啟示	320 元
7	CEO 拯救企業	360 元
8	世界首富　宜家王國	360 元
9	航空巨人波音傳奇	360 元
10	傳媒併購大亨	360 元

《智慧叢書》

1	禪的智慧	360 元
2	生活禪	360 元
3	易經的智慧	360 元
4	禪的管理大智慧	360 元
5	改變命運的人生智慧	360 元
6	如何吸取中庸智慧	360 元
7	如何吸取老子智慧	360 元
8	如何吸取易經智慧	360 元
9	經濟大崩潰	360 元
10	有趣的生活經濟學	360 元
11	低調才是大智慧	360 元

《DIY 叢書》

1	居家節約竅門 DIY	360 元
2	愛護汽車 DIY	360 元
3	現代居家風水 DIY	360 元
4	居家收納整理 DIY	360 元
5	廚房竅門 DIY	360 元
6	家庭裝修 DIY	360 元
7	省油大作戰	360 元

《財務管理叢書》

1	如何編制部門年度預算	360 元
2	財務查帳技巧	360 元
3	財務經理手冊	360 元
4	財務診斷技巧	360 元
5	內部控制實務	360 元
6	財務管理制度化	360 元
8	財務部流程規範化管理	360 元
9	如何推動利潤中心制度	360 元

為方便讀者選購，本公司將一部分上述圖書又加以專門分類如下：

《企業制度叢書》

1	行銷管理制度化	360 元
2	財務管理制度化	360 元
3	人事管理制度化	360 元
4	總務管理制度化	360 元
5	生產管理制度化	360 元
6	企劃管理制度化	360 元

《主管叢書》

1	部門主管手冊（增訂五版）	360 元
2	總經理行動手冊	360 元
4	生產主管操作手冊（增訂五版）	420 元
5	店長操作手冊（增訂五版）	360 元
6	財務經理手冊	360 元
7	人事經理操作手冊	360 元
8	行銷總監工作指引	360 元
9	行銷總監實戰案例	360 元

《總經理叢書》

1	總經理如何經營公司(增訂二版)	360 元
2	總經理如何管理公司	360 元
3	總經理如何領導成功團隊	360 元
4	總經理如何熟悉財務控制	360 元
5	總經理如何靈活調動資金	360 元

《人事管理叢書》

1	人事經理操作手冊	360 元
2	員工招聘操作手冊	360 元
3	員工招聘性向測試方法	360 元
5	總務部門重點工作	360 元
6	如何識別人才	360 元
7	如何處理員工離職問題	360 元
8	人力資源部流程規範化管理（增訂四版）	420 元
9	面試主考官工作實務	360 元
10	主管如何激勵部屬	360 元
11	主管必備的授權技巧	360 元
12	部門主管手冊（增訂五版）	360 元

《理財叢書》

1	巴菲特股票投資忠告	360 元
2	受益一生的投資理財	360 元
3	終身理財計劃	360 元
4	如何投資黃金	360 元
5	巴菲特投資必贏技巧	360 元
6	投資基金賺錢方法	360 元
7	索羅斯的基金投資必贏忠告	360 元
8	巴菲特為何投資比亞迪	360 元

《網路行銷叢書》

1	網路商店創業手冊〈增訂二版〉	360 元
2	網路商店管理手冊	360 元
3	網路行銷技巧	360 元
4	商業網站成功密碼	360 元
5	電子郵件成功技巧	360 元
6	搜索引擎行銷	360 元

《企業計劃叢書》

1	企業經營計劃〈增訂二版〉	360 元
2	各部門年度計劃工作	360 元
3	各部門編制預算工作	360 元
4	經營分析	360 元
5	企業戰略執行手冊	360 元

在海外出差的·········
台 灣 上 班 族

　　愈來愈多的台灣上班族,到海外工作(或海外出差),對工作的努力與敬業,是台灣上班族的核心競爭力;一個明顯的例子,返台休假期間,台灣上班族都會抽空再買書,設法充實自身專業能力。

　　[憲業企管顧問公司]以專業立場,為企業界提供最專業的各種經營管理類圖書。

　　85%的台灣上班族都曾經有過購買(或閱讀)[憲業企管顧問公司]所出版的各種企管圖書。

　　建議你:工作之餘要多看書,加強競爭力。

建立企業圖書館

當市場競爭激烈時：

培訓員工，強化員工競爭力
是企業最佳對策

「人才」是企業最大的財富。如何提升人才，是企業永續經營、戰勝對手的核心競爭力。積極培訓公司內部員工，是經濟不景氣時期的最佳戰略，而最快速的具體作法，就是「建立企業內部圖書館，鼓勵員工多閱讀、多進修專業書籍」

建議您：請一次購足本公司所出版各種經營管理類圖書，作為貴公司內部員工培訓圖書。使用率高的（例如「贏在細節管理」），準備 3 本；使用率低的（例如「工廠設備維護手冊」），只買 1 本。

商店叢書 ⑥   售價：400 元

餐飲業經營技巧

西元二〇一五年五月   初版一刷

編輯指導：黃憲仁

編著：許俊雄

策劃：麥可國際出版有限公司（新加坡）

編輯：蕭玲

校對：劉飛娟

發行人：黃憲仁

發行所：憲業企管顧問有限公司

電話：（02）2762-2241　（03）9310960　0930872873

電子郵件聯絡信箱：huang2838@yahoo.com.tw

銀行 ATM 轉帳：合作金庫銀行　帳號：5034-717-347447

郵政劃撥：18410591　憲業企管顧問有限公司

江祖平律師顧問：紙品書、數位書著作權與版權均歸本公司所有

登記證：行政業新聞局版台業字第 6380 號

本公司徵求海外版權出版代理商（0930872873）

本圖書是由憲業企管顧問（集團）公司所出版，以專業立場，為企業界提供最專業的各種經營管理類圖書。

圖書編號 ISBN：978-986-369-019-1